与其在
标准里迷茫，
不如活出
自己的模样

独慕溪——著

古吴轩出版社

图书在版编目（CIP）数据

与其在标准里迷茫，不如活出自己的模样 / 独慕溪
著. -- 苏州：古吴轩出版社，2021.5
ISBN 978-7-5546-1693-2

Ⅰ. ①与… Ⅱ. ①独… Ⅲ. ①成功心理－通俗读物
Ⅳ. ①B848.4-49

中国版本图书馆CIP数据核字(2021)第000462号

责任编辑：周　娇
见习编辑：祝文秀
策　　划：监美静
封面设计：仙境书品

书　　名：与其在标准里迷茫，不如活出自己的模样
著　　者：独慕溪
出版发行：古吴轩出版社
　　　　　地址：苏州市八达街118号苏州新闻大厦30F　　邮编：215123
　　　　　电话：0512-65233679　　　　　　　　　　　传真：0512-65220750
出 版 人：尹剑峰
印　　刷：天津旭非印刷有限公司
开　　本：880×1230　1/32
印　　张：7.25
字　　数：110千字
版　　次：2021年5月第1版　第1次印刷
书　　号：ISBN 978-7-5546-1693-2
定　　价：46.00元

如有印装质量问题，请与印刷厂联系。022-22520876

目 录

—

NO.2 当你过于在乎别人的想法，
日子只会越来越拧巴

NO.3 寻回自己本来的模样，
你会遇见更好的自己

NO.4 如果拼尽全力也成不了"大神"，
那就做个很棒的普通人

NO.5 坚定地过自己喜欢的生活，
才是告别焦虑的活法

NO.1

人生从来没有固定模式，
所有的清单都该私人订制

别因为条条框框，在感情里画地为牢

在感情世界中，有很多人总是喜欢画地为牢，
为自己也为他人安上许多条条框框，这就导致
他们总是想要开始却又不断地拒绝，迅速开始
了却又轻易地选择结束……

我问好友 L："最近身边有没有合适的男生出现？"她很
坚定地回答没有。追问原因，她的理由倒是格外充分："你
是知道的，我长得这么'结实'，找对象肯定要找身高一米
八以上的，如果不符合这一点要求，我是真的没办法和对方
继续相处下去的。"

对于她这种说法，有些男生可能会想："现在的一些女

生可真现实，个个要找一米八以上的男生做男朋友，那我们这些不足一米八的男生就不配有女朋友了吗？"实际上部分男生也会挑剔，想要女朋友温柔些、漂亮些、身材好些，再现实点儿的话，最好能够跟自己门当户对。

在这个脚步匆匆的时代，"高速、高效"也成了部分男女交往的先决条件。他们习惯性地把择偶条件率先摆到台面上，符合基本条件者可以进一步发展，条件不符者立马挥手说再见。

小C经朋友介绍认识了一个男生，两人在微信上聊了两个多月，那些日子里，她每天都眉飞色舞。她跟我讲，那个男生的微信朋友圈里内容很少，只有几条他转发的商业新闻，但聊天时他讲话彬彬有礼且条理清晰，会在工作上给她非常中肯且有建设性的意见。并且对方很细心，仅通过她发的朋友圈定位便给她邮寄了礼物。她觉得对方身上有着同龄人中少见的睿智与魅力，对那个男生十分满意。然而，过了一段时间她再跟我提到那个男生的时候，态度相比之前有了一百八十度的大转变。原来，他们不久前相约见面了，结果男生跟她心目中白马王子形象相差甚远，她对此很是郁闷。随后，她又重述了男生通过朋友圈定位给她送礼物的事情，跟上一次不同，这次她坚持认为这是一种心细到变态的行为，让她毛骨悚然。

我的另外一个朋友小D的情况和小C的相反。小D的现任男友最初只是她口中那个"每天只会在电梯里偷看我却从不敢主动与我交谈的胆小鬼"，她说她很讨厌这种不主动的男生——是个爷们儿就应该主动一些，而不是每天只会在电梯里偷看。后来，机缘巧合下他们二人终于有了第一次对话，然后爱情就自然而然地在他们身上发生了。小D再提到男朋友曾在电梯里偷瞄她的事情时，就换了口吻："原来他当时已经那么喜欢我了，却又不敢表白，真是太可爱了……"

在感情世界中，有很多人总是喜欢画地为牢，为自己也为他人安上许多条条框框，这就导致他们总是想要开始却又不断地拒绝，迅速开始了却又轻易地选择结束……最终，只能与他人一次次擦肩而过。

有人说："世界那么大，为什么就是没有适合我的那个人呢？"很多人头脑中的那个"适合"自己的人，是在身高、长相、性格等各方面都符合自己心中所构想出的形象，跟自己百分之百契合的人。可这样的人真的存在吗？

我曾买过一双皮鞋，款式、颜色都是自己喜欢的，在店里试穿的时候也很合脚，可穿着它走了一天路之后，我的脚后跟被磨出了水泡。朋友们都说这是新鞋普遍容易出现的问题，多穿几次就好了。后来，在坚持穿了几次以后，我果然觉得舒服了许多，脚后跟也不再会磨出水泡了。都说鞋子合不合脚，只有脚才知道，可很多时候我们都是通过多次的适应才使鞋子变得合脚。究竟是鞋子变了模样，还是脚适应了鞋子，谁都说不好，但必须承认的是，在这一天天的磨合中，我的脚的确找到了最适合它的那双鞋子。

或许这也是人与人之间的相处之道。

仔细观察身边的那些爱情模范们，其实不难发现，长情又合适的两个人，并不一定从一开始在一起的时候就是天造地设的一对。他们可能家庭条件悬殊，可能身高、外貌并不符合一些人眼中的"匹配"，可能会彼此误解，可能也会争吵……但难能可贵又值得我们学习的一点是，他们的心始终向着同一个方向，他们通过慢慢地了解、一点点地磨合，最终用时光打磨出了一致的步伐。

所以啊，我们应该承认，从一开始就能完美契合的情侣真的少之又少。在任何一段我们应该珍视的感情中，我们都应该接受对方的不完美，然后试着相处、磨合，一点点地改变，慢慢地适应。这样，我们才能在找到对方的同时也找到最舒适的关系。

勇敢尝试，你会找到自己想要的生活

———

你未来将生活在哪里，成为什么样的人，过什么样的生活，并不是此刻空想便可以决定的。每个人在不同的人生阶段，都会有不同的生活方式与之相匹配，"择一城终老"并不适合过于青涩的我。

我来到深圳的第一个夜晚，在华侨城创意园逛了逛，然后跟随手机里的导航地图去找公交车站牌，结果找着找着竟然找错了路，于是干脆漫无目的地瞎逛起来。路上相隔不远便能看见掉落在地上的青芒，经过的人们早已是一副司空见惯的模样。走在我前面的是两女一男，他们穿着职业装，操着地道的粤语，一直在畅聊。不一会儿，只见其中一个女孩走进路边的一家小超市，出来时脚穿一双粉红色的拖鞋，刚刚穿在脚上的高跟鞋被她拎在手上，三人说笑着继续走向下一个路口。那双粉红色的拖鞋和她身上的那套职业装极不协调，然而没有路人对此表现出丝毫的诧异。

那一刻，我太喜欢这座城市了。

我刚毕业那会儿很喜欢穿棉麻材质的裙子，走的是"森女系"穿衣风格。那时候我最喜欢的城市是大理，在那儿旅游的一个礼拜里，我每天中午起床，白天悠闲地晒太阳，傍晚漫步在古城的石板路上，听酒吧里的民谣乐声悠扬响起，夜晚抬头可以看见漫天繁星，那种慢节奏的淳朴生活深深地吸引了我。我曾以为那就是自己想要的生活方式。

可后来，工作环境的转变使我不得不脱掉那身看起来颇不成熟的休闲装，换上另一身看起来端庄秀气但实际上一点儿也不舒服的职业装。然而，我还是慢慢适应了。再后来，我更是喜欢上了跟高5厘米以上的高跟鞋，喜欢上了涂上口红、"气场全开"的自己……在不断尝试中，我发现了属于自己的另外一种可能。

后来，无论是剪掉齐腰长发，还是体验其他我不了解的东西，我都愿意去尝试。因为我知道，很多东西只有尝试过之后，才能够真正地弄清楚我究竟喜不喜欢，又适不适合。

世事万变，一成不变的东西几乎不存在，就像我曾爱上丽江古城的慢节奏生活，后来又在繁华的都市生活中如鱼得水，我的喜好一直在随着经历的丰富而发生变化。因此，如果在年轻时便考虑太多有关"永远"的问题，就像是为自己的人生套上了枷锁。你未来将生活在哪里，成为什么样的人，过什么样的生活，并不是此刻空想便可以决定的。每个人在不同的人生阶段，都会有不同的生活方式与之相匹配，"择一城终老"并不适合过于青涩的我。

当你站在人生的十字路口，不知如何抉择，那就去尝试吧！唯有尝试之后，才能发现真正专属于你的人生滋味。

十年前的你，不会想到如今的你会过成什么样子，就像今天的你永远无法想象未来的你会变成什么样子一样。去追逐，去尝试，我们的人生本就有无限可能。人生，从来无须设限！

改变糟糕的状态，才能从迷茫的泥淖中脱身

———

我们常常知道的太多，做的又太少，行动配不
上思想，对未知的恐惧又远超对前行的渴望。

第 N 次回家的时候，室友姐姐的脏衣服还堆在屋子里，
她的卧室乱作一团。那几天，她正处于离职后的待业状态，
有大把的时间看视频、吃快餐，就是没时间打扫一下自己的
房间……

我看着她，无奈地说："我觉得自己很失败，虽然常常
把自己的心得汇成文章指导别人，但实际上我连我身边的人
都督促不好！"

那晚，我们促膝长谈至深夜，那是我第一次探及她的内

心世界。

　　她说："从离职的那刻开始，一切都变了。我感觉自己好像无药可救了。以前你批评我懒散的时候，我还会觉得不好意思，然后马上改正；现在可好，我连羞耻心都没了……"

　　我想起看过的一部电影《不求上进的玉子》。

　　主人公玉子大学毕业之后没有出去找工作，而是每天窝在家里打电子游戏、看漫画。玉子的父亲问她："我到底是为了什么让你上大学的？你没想过找工作吗？"她听了，不服气地吼回去一句："我会找工作的！"然后再小声地补充一句："但不是现在。"

　　当玉子再次抱怨社会糟糕的时候，父亲训斥她："不是社会糟糕，而是你状态不对。"这一次，玉子没有反驳。

　　探究玉子的内心世界，我们不难发现，这时的玉子其实跟我的室友姐姐一样，她已经意识到自己糟糕的状态。可也正因为意识到了这一点，她才愈加害怕融入社会，所以她宁愿蜷缩在与外界隔离的甲壳里。

　　只有经历过才会明白，让我们陷入绝望的往往不是糟糕的生活，而是糟糕的内心状态——那种明知糟糕却无力做出任何改变的状态。

我喜欢一个词——"跌入谷底"，因为它可以搭配另外一个我更喜欢的词——"绝地反击"。如果你自认为正在经历人生最糟糕的时刻，那么恭喜你，只要你想改变，并为此积极努力，下一刻就会比这一刻更美好、更幸福。

未来的人生具体应该怎么走，只有自己能决定。我们只有从心底里认同并确定某个人生目标，然后付诸行动，才可能将自己从困境的泥淖中解救出来。很多人宁愿停留在原地也不愿起身行动，大抵还是因为目标不够明确，这就是所谓的"迷茫"。迷茫的人总是不知道该何去何从，但仔细想想，谁又能保证自己的人生目标是绝对清晰的呢？如果你找不到目标，那就直接去行动吧！在不断尝试中也可以逐渐找到人生的航向。

我们常常知道的太多，做的又太少，行动配不上思想，对未知的恐惧又远超对前行的渴望。

想想我们的先祖，他们从森林走向草原，从采摘变成狩猎，多少人死在了大自然的物竞天择中，但他们还是毅然决然地向前走。人类骨子里就藏着了解世界的欲望。彼时的先祖们或许并不清楚，前进的路上会有猛兽，会有沙漠，还会有无数跨不过去的大山大河，但他们无畏，也因此为自己的后代闯出了一片广阔的天地。而身处现代社会的我们，却常常畏首畏尾，缺少了前人的这份冲劲儿。

其实我们都知道，这是一个瞬息万变的时代。试着改变，我们才能与时俱进；试着改变，我们才能与不完美的自己和解；试着改变，我们才能以全新的姿态站上崭新的舞台。

试着放下手机，试着走出自己的小房间，试着做一些改变，试着迎接一个充满未知的明天吧！

掌控好人生节奏，就不怕被"剩下"

——

关于单身，最好的状态莫过于像他明天就会来
那样期待，像他永远不会来那样生活。

有一次我突然勤劳地更新了断更许久的微信公众号文章，大致讲了一下自己的近况。第二天，一位许久未联络的老同学L突然在微信上给我发了消息，这让我很意外。我们已经毕业多年，最后一次见面还是在小别墅里吃散伙饭的那天，此后就变成了匆匆的路人。

回想当年一起度过的青葱岁月，一切就像发生在昨天一般，历历在目，我们之间没有一丝一毫的生疏感。我们聊了很多，有关工作，有关生活，当然也有关感情。

到了一个尴尬的年纪，情感状态总是逃不开的话题。

L说她仍旧是单身的状态，因为习惯了一个人，就更加不想过两个人的生活。

"其实很简单，我们现在都更关心自己。我要创建自己的事业、实现自己的梦想，白天上班已经很累了，晚上的时间更是稀少而宝贵，我还想看书，还想看电视剧。我不想和别人'尬聊'。因为各种原因吧，总之呢，就这样喽！不过我想这应该是不少年轻人的普遍状态吧！"

说到底，反正就是"剩下来"了。一如L所说，这其实是一些年轻人真实的心理和生活状态。

有很多人，不想谈恋爱，更不想结婚。

有这样两类人。一类人觉得自己一个人很好，何必非要两个人徒增烦恼，他们更看重自己的感受。对他们来说，只要自己足够优秀，就有能力在合适的时间遇到一个优秀的人。爱情不是他们生活的必需品，却可能成为他们眼中珍贵的私人收藏品。"绝不轻易出手"是他们的共同特点。还有一类人则是受够了爱情的苦，糟糕的感情经历令他们对新的恋情闻风丧胆，既对别人没有信心，也对自己没有信心。爱情于他们而言，更像是易碎品，就像将一个价值连城的花瓶拿到手里，生怕它会一不小心掉到地上，碎了一地。与其战战兢兢地经历甜蜜后再经历痛苦，不如一直平静地生活。他们试图先寻找自己，再寻找另一半。

其实，总结起来无非就是：要么太在乎自己，要么太在乎别人，要么太在乎别人是不是在乎自己。

无论是向往爱情却还没遇到，还是在不断完善自己的过程中慢慢寻找，这一代很多年轻人明显更能掌控自己的生活节奏，一如曾在网上红极一时的那个说法："我不是独身主义，也不是不婚主义，我的状态只不过是我不着急结婚。"

在倡导独立、自主且人们更加个性化的今天，无论是爱情还是婚姻，其实都已经可以脱离经济因素而很好地独立存在，正因如此，它们才显得纯粹。我们期待的另一半不再只是遮风挡雨的保护伞，而是可以时刻温暖彼此的灵魂伴侣。于是，爱，尤其是彼此相爱，成了我们恋爱、结婚更加在乎的因素。而对于迟迟未来的感情，我们本就不必焦虑。犹记得这么一句话："关于单身，最好的状态莫过于像他明天就会来那样期待，像他永远不会来那样生活。"掌控好自己的人生节奏，成为更好的自己，你终会遇见让你惊艳的明天。

那些打不倒你的，终将使你更强大

———

人总要经过不断的磨砺才能更好地成长。我们可能孤独、脆弱且渺小，但我们必须倔强、坚定且奋力地前行。你要相信，你远比想象中坚强。

看着手里莫名其妙多出来的离婚协议书，我想我应该是摊上事儿了！

那时，我用公司打印机打印了一份下午要用的工作文件，取完文件整理的时候，突然发现多了份离婚协议书。

离婚协议书的开头赫然写着我认识的一个女同事的名字。我的心情瞬间变得复杂，而那张纸也立马变成了烫手山芋：我究竟是该假装什么都不知道地把它放回原地呢，还是该悄悄地送还给它的主人？放回去的话，如果再有别人看到该怎么办？可如果我拿去当面送还给她，她又会如何揣测我呢？

纠结良久，我还是决定牺牲自己去做这个"坏"人，因为我实在不想再有人看到它，也不想那位女同事因此更加难堪。

看到那纸离婚协议书的瞬间，她吓了一跳，明显不知道自己是在什么时候错按了打印键。她追问我是否看过内容，我连忙摇头——光是看到标题和开头就已经够让我为难了，我怎么还会如此八卦地去详看内容……我逃也似的离开了。

虽是同在一间屋子里办公的同事，可实际上我对她的了解并不算多。因为这个小小的意外，我第一次注意起她来。

中午，大家围在茶水间的高脚桌前一起吃饭。混杂的香气充满了整间屋子，两个同事在聊热播的电视剧，一个新来的实习生边吃饭边看一档综艺节目，还有两个年纪大点儿的同事在聊孩子上学的问题……这一天和以往似乎并没有什么不同。然而，从仅有一墙之隔的茶水间外，一阵熟悉的声音正在断断续续地飘进我的耳朵。从那简单重复的几句话中不难推测，那位正在闹离婚的同事工作上出了差错，正在挨个儿地联系客户进行道歉。

就在这样一个再平常不过的日子，窗外秋高气爽，屋内热闹如故，一个人的伤心事就这样轻而易举地隐没了。

想起一个网络词语，叫作"懂事崩"，其大致含义是成年人的情绪崩溃无法随心所欲，不能当众示弱，不能影响工作和生活，只能在确保第二天能够休息的深夜里独自崩溃。很懂事，也很无奈。

"从来没想过这种事会发生在我身上。"这是每一个正处在崩溃时刻或者已经熬过崩溃时刻的人都会有的感受。

从来没有想过，相恋八年的男朋友，最后娶的会是别人；从来没有想过，母亲会因摔了一跤，从此卧床不起；从来没有想过，上次见面时的争吵，会是和父亲说的最后的话……这些，都是我身边真实发生的事情。

年龄渐长，生活露出了它毫不温柔的一面。

闺密开车的时候出了个小事故，事故不算严重，可每每提起，她还是会后怕得手抖；有个朋友在入职一家新公司后难以融入集体，为此，自己躲进卫生间里哭了很久；而独居的我，在忘记带家门钥匙的那个狂风暴雨之夜，撑着高烧的病体、打着寒战在废弃的烧烤棚里委屈地流泪，一直熬到雨停。

如今，闺密依然开车，只是车技日趋娴熟。那个朋友已经适应了新公司的工作环境，也逐渐找到了和周围的人和谐相处的窍门。而我呢，则在每个手提包里都放进了一把备用钥匙。

生活还在继续，没有人会因为一时的烦恼与失意而止步不前。曾经从不敢想象"这种事情会发生在我身上"，但当它真的发生在自己身上了，好像也能硬着头皮扛过去。

我曾经问过一个姐姐："你爸爸出车祸那会儿，你是怎么熬过来的？"她是这样回答我的："说实话，一点儿可以怨天尤人的时间都没有。一边要在手术通知书上签字，另一边还要配合警察寻找逃逸司机；手头的钱不够，还得挨个儿给亲戚朋友们打电话借钱；同时还得不停地安抚我妈。我从来没有想过这种事情有一天会发生在我的身上，也从来没有想过当那一刻真正来临的时候，我竟然还可以头脑清晰地依次把事情处理好。那时候心里只有一个信念：我绝对不能倒下，否则这个家就完了……"

是啊，人总要经过不断的磨砺才能更好地成长。我们可能孤独、脆弱且渺小，但我们必须倔强、坚定且奋力地前行。你要相信，你远比想象中坚强。

是啊，生活再难，也要勇敢面对啊！因为这个时候能够拯救我们的，只能是我们自己。很多事情就是这样，等熬过去了再回头想想，其实没什么大不了。

莎士比亚说过："黑夜无论怎样悠长，白昼总会到来。"是的，我们都该相信，每个人的人生总会经历这样或者那样的苦难，全世界70多亿人每天都在上演着各自的悲欢，没有人活得容易。然而，只要有目标、有方向、不放弃、肯努力，咬牙熬过深沉的苦难，生活自会给你一个满意的答案。只要你自己足够明亮，黑夜只能退缩一旁。请牢牢记住，那些艰难瞬间，其实都是为了让你的人生轨迹变得深刻一点儿，仅此而已。

致每一个平凡而坚强的你！

爱情能否长久，取决于彼此是否相互依恋

当爱情进入倦怠期之后，很多人以为感情陷入
了僵局，倦了、腻了、不爱了，甚至误以为换
个人就能重获新鲜感，殊不知那只不过是另一
段无果的感情的开始罢了。

社交平台上出现过一次有关"爱情保质期"的投票，我
选择了"永恒"那一项，然后看到了总体的投票情况。令我
感到惊讶的是，"5年以内"这个选项遥遥领先，投给这个选
项的人数超过百分之六十。这项投票的结果虽然不能武断地
作为现代人不再相信爱情的依据，但是间接说明了部分现代
人对"爱情保质期"这个问题持悲观态度。那种矢志不渝的

爱，那种天长地久的情感，也许他们仍然期待，却不敢再奢望了。

究竟是什么让他们对爱情失望了？是一些人做出的不好的示范，还是另一半曾给他们造成的伤害，或者只是看多了那一对对没有善果的爱侣们的劳燕分飞？也许都有。

在信息爆炸的今天，每一条消息都有可能成为我们判断一件事的依据。《重庆森林》中有这样一句台词："不知道从什么时候开始，在什么东西上面都有个日期。秋刀鱼会过期，肉罐头会过期，连保鲜纸都会过期。我开始怀疑，在这个世界上，还有什么东西是不会过期的？"

"爱情也是有保质期的。"这好像慢慢变成了许多人心照不宣的共识。因为不再相信爱情的永恒性，一些人的感情之路才变得如此坎坷。期待爱情却又不敢恋爱的人，总是害怕某一天会分手，所以才有了那句"害怕失恋，所以单身"；而不断恋爱的人，则会不断地用行动证实"爱情是有保质期的"这种言论。在浮躁的时代背景下，我们很难再静下心来，去听一听彼此的心声——我们曾经究竟是怎样相爱的？

又为何会分开呢?

后来进入了食品企业我才知道，保质期其实并不是判断食物等产品是否变质的唯一标准，是否变质还会受存放方式、存放环境等因素影响。当你了解到这一点之后，再来看爱情的保质期，也许会有新的理解：它所指的可能也只是一段感情的最佳相处期罢了。爱情会令人快乐，也会令人痛苦，我身边确实有很多感情失败的例子，却也不乏恩爱的榜样。有时候我也会受不同的情感事例所左右，可后来我才发现，不同的情侣即使遇到了相同的矛盾，也会演变出不同的结果。这和每个人的性格、情侣间的相处方式等多种因素息息相关。

在恋爱的最佳相处期内，两个人其实也会产生矛盾，但火热的爱情常常会让他们忽略那些不好的因素。当激情散去，矛盾增加，过了这段关系的最佳相处期，也就是过了"爱情保质期"，他们会很难再用充满爱意的心去包容对方的缺点。即使没有任何的矛盾，现实生活也会不断地消耗彼此的感情。

有心理学家称，成熟且称得上是"真爱"的爱情必须经历四个阶段，它们分别是"共存""反依赖""独立""共生"。"共存"发生于热恋期，情侣之间无时无刻不希望黏在一起；"反依赖"是在感情平稳之后，至少会有一个人想要独自去做自己想做的事情，这时候另一方便会感觉在这段感情中被冷落；"独立"是"反依赖"的延续，这时彼此会要求更多自主独立的时间；最后的"共生"阶段，双方其实已经成了彼此最亲密且不可分开的人，两个人互相依赖、互相牵绊、共同成长。

然而，很多情侣往往是无法熬过第三阶段的。

网上有这样一个很火的句子："黄桃罐头保质期是15个月，可乐要在打开后24小时内喝掉，吻痕大概1周就能消失，两个人在一起3个月才算过了磨合期。似乎一切都有期限。这样多无趣，我还是喜欢一切没有规律可循的事情，比方说我躺在草地上看星空，你突然就掉下来砸在我怀里。"

这里提及的"没有规律可循的事情"大概就是爱情中的小惊喜以及新鲜感吧。热恋时之所以觉得爱情很美妙不正是因为彼此间的新鲜感吗？对方的一颦一笑都觉得甚是美好。

当爱情进入倦怠期之后，很多人以为感情陷入了僵局，倦了、腻了、不爱了，甚至误以为换个人就能重获新鲜感，殊不知那只不过是另一段无果的感情的开始罢了。

"真爱和真爱都是一样的，她给他的我以前都给过他。"这是很值得深思的一句话。很多情侣最初在一起的时候，彼此之间也是有爱的，可爱这东西后来怎么说没就没了呢？

有人类学家及其团队曾通过实验得出结论，浪漫爱情由三种成分组成：欲望、吸引力和依恋。虽然各种成分之间会有微妙重叠之处，但每一种成分都有与之对应的大脑激素起作用。例如睾酮、雌激素与欲望有关，而多巴胺、去甲肾上腺素和血清素与吸引力有关，这些激素都和新鲜感密切相关。两人之间越熟悉，与之相关的激素水平越低，新鲜感也会越少，这就是情侣之间久处会厌的原因。与以上两点不同的则是"依恋激素"，它能让爱情持久保鲜。那么"依恋激素"是指什么呢？一个是"幸福素"内啡肽。当我们运动，或者做一些能令自己产生成就感的事情的时候，便会产生这种"幸福素"，这也是运动或做有成就感的事情会令人上瘾的原因之一。还有一个是能够令双方产生安全感的催产素。催产素还被称作"抱抱荷尔蒙"或者"爱的荷尔蒙",意指两个人在拥抱的时候大脑会释放这种催产素,从而使双方产生安全感。内啡肽和催产素都属于"依恋激素",它们能令爱情更加长久、甜蜜。

虽然人类学家从科学的角度向我们解释了爱情产生和消逝的原因,但是它依然复杂多变,我们目前还没有能顺利解决有关爱情问题的统一方法。

现实生活中那些久处不厌的情侣或夫妻,他们之间多多少少都带着无法割舍的相互依恋感。这种依恋根植于日常生活的小事中,他们逐渐融入对方的生活,让对方慢慢习惯自己的存在,无论在情感上还是在生活中都与自己割舍不开。

关于"成亲",我听过的最好的解释是"成为亲人"。有段时期,夫妻二人对彼此的称谓除了"爱人""先生、太太"之外,还有"同志"这种典型的叫法。何为"同志"?"同志"即为"志同道合的人",它相较于"宝贝儿""亲爱的"这类现代昵称显得严肃,可我个人觉得它真正概括出了爱情的真谛——因志而同往，然后因彼此依靠而相守。

《小王子》一书中有这样一段话：

> 狐狸说："对我来说，你无非是个孩子，和其他成千上万个孩子没有什么区别。我不需要你，你也不需要我。对你来说，我无非是只狐狸，和其他成千上万只狐狸没有什么不同。但如果你驯化了我，那我们就会彼此需要。你对我来说是独一无二的，我对你来说也是独一无二的……"

或许有些人的爱情故事就像狐狸和小男孩儿的故事，因为共同的经营和努力而逐渐被对方需要，他们互相依恋，最后他成了她的独一无二，她成了他的非她莫属。或许，这才是爱情最好的归宿。

你自律的程度，决定你人生的高度

———

自律究竟有多重要？不妨问问自己究竟想成为
什么样的人，想在社会中拥有什么样的地位，
相信你会找到答案的。

近一年我胖了十斤。新的工作地点离家很远，我每天至少有三个小时用在通勤上；外加工作十分忙碌，经常出差或加班，锻炼的事自然无暇顾及，我就这样轻易地变胖了。

慢慢变胖之后，我再贪吃也没有那么多罪恶感了，总是用那句"一口吃不出个胖子"来安慰自己，随之开始了大快朵颐、地铁追剧的惬意生活。

还真别说，这样的日子好像还蛮舒服的。直到某天我在自己微信公众号的后台收到一条读者的私信，她问："小溪，

你最近很忙吧，怎么一直不见你更新文章呀？"那一瞬间，我羞愧无比。

短暂的堕落之后，勤劳自律的小溪又回来了！我恢复了以往规律的作息。虽然通勤时间依然很长，但我逼迫自己卸载了所有的娱乐软件，利用坐地铁的时间写短文或看新闻；周末无论感觉瘫在家里有多舒服，我也会花两小时出去散散步、跳跳绳……坚持了一个月之后，我的工作强度依然很高，却没了之前的疲惫感；体重依然未降，可步伐却轻盈了不少；时间依然不充裕，却能坚持每日更新公众号文章了。

"自律"早已是众人耳熟能详的词，一提起它，很多人都会想到每天坚持跑步的村上春树，或者某个拥有八块腹肌、一身腱子肉的健身达人。他们无一不在告诉你：当你自律，你会成为更好的自己。但大家也都明白，自律并不是一件简单的事情，因为人会懒，会感觉疲倦，会有那种什么都不想做，只想舒服地瘫在沙发上当个"肥宅"的时候。而自律则需要我们用意志力来对抗寻求舒适的身体本能，这整个过程一定会伴随一定的痛苦与不舒服。

　　然而，如果我们向懒惰屈服，每天只知道大吃大喝和窝在沙发里舒服地刷娱乐新闻，把健身抛之脑后；没钱了宁愿刷信用卡也要满足口腹之欲；晚上不按时睡，早上不按时起……长此以往，我们除了获得肤浅的思想、臃肿的体形、累加的债务、越来越差的皮肤，还能获得什么？难道我们的人生就仅限于此了吗？

　　人生就像一场一路上充满各种诱惑的马拉松比赛。一些人在途中不断地被各种诱惑吸引，认为自己天资聪颖，短暂的懈怠并不会影响自己的意志力和最后的成绩。殊不知，就在他们开始走神的时候，那些在一开始并不怎么起眼的人正带着坚定的信念一路稳扎稳打地向目的地前进着，慢慢地将他们甩在身后。

　　所以你看，人生拼的就是这份强大的自我约束意识与不骄不躁的态度。坚定地克制住自己不合理的欲望，才能成就更好的人生。

　　自律究竟有多重要？不妨问问自己究竟想成为什么样的人，想在社会中拥有什么样的地位，相信你会找到答案的。

只要日子还没过完，就别为余生设限

———

说到底，时代并不会抛弃你，就怕你胆小地放弃了这个时代。

我住的小区里有个长满爬山虎的凉亭，一到夏天，小区里的老头老太太就喜欢在里面乘凉，偶尔也会有带小孩的年轻妈妈坐在里面跟他们一起闲聊。

那日，因空腹坐公交车，下车的时候我胃里翻江倒海，十分难受，便顺路拐进去坐了会儿。挨着我坐的，是一个带着小孩的年轻女人，当时她正和坐在自己对面的老人聊天。女人一边抱怨婆婆不帮她带孩子，一边埋怨丈夫整天做甩手掌柜。老人一边频频点头表示理解，一边又以过来人的身份劝她要想得开。

末了，女人委屈地补充了一句："我啊，这辈子也就这样了，我就看我闺女以后能不能有出息了……"

女人最后那句话让我心里猛地一震，我突然就想起了我爸。

小时候，我爸最常对我说的一句话就是："我这辈子也就这样了，可我还这么累死累活地工作，为了什么？还不是为了你……"那时候我并不能理解他的情绪。多年后，当我深究其原因的时候，终于多多少少懂了一点儿。

爸爸出生于20世纪60年代，经历过食不果腹、衣不蔽体的日子，奶奶常跟我夸他小时候很会念书。然而，家境的贫困使他只能匆匆辍学，进入工厂做工。爸爸为人实在，干活卖力，不久就当上了工厂里的班长，在集体生活中算是找到了人生价值。眼看日子越来越有奔头儿，却突然下岗了，他激扬的青春就此落了幕。郁郁不得志的他不再对自己的人生抱有期待。于是，他只能将希望寄托于我——他唯一的闺女身上……

"我这辈子也就这样了。"这是我听过的最糟糕、最丧气的话。我也听过很多类似的话。

"在大学已经荒废四年时光了，现在努力还有什么用？"

"三十岁了，一事无成，我还瞎折腾什么，还是老老实实上班吧！"

"我都这么大岁数了，无论是拼创意还是拼体力，我都不行，你说我还有什么能力去和人家年轻人竞争呀？"

"算了吧，我再怎么努力也赶不上×××。"

……

有没有想过，你以为的"也就这样了"的人生，如果能够再积极一些去面对，或许就会出现另外一种可能。

有这样一个实验：将跳蚤随意往地上一抛，它在接触地面的瞬间能一下子弹跳起一米多高；但如果在一米高的位置上放一个盖子，当跳蚤再次跳起的时候，它便会撞到这个盖子；连续几次之后，即使人们拿掉了那个盖子，跳蚤也已经不能再跳到一米以上的位置了。这个实验现象被称为"跳蚤效应"。

有时候，有些人就像那只再也跳不高的跳蚤一样，并不是他们的跳跃能力出现了问题，而是他们用各种理由为自己编织出了一个不可逾越的"盖子"。在经历了一次次的碰壁之后，他们的头脑中渐渐形成了消极的思维方式，在"失败"的人生面前慢慢变得麻木，即使有一天生活中已经没了"盖子"，他们却再也提不起跳跃的勇气。

有人说过这样一句话："并不是每一件算得出来的事，都有意义；也不是每一件有意义的事，都能够被算出来。"别给自己的人生设限，只管努力，人生便会出现无数种可能。

我看过一个"最帅大爷"王德顺的独白视频，这位老人的传奇人生或许会鼓舞每一个对未来失去信心的人：24岁成为话剧演员，44岁开始学习英语，49岁开始当"北漂"并同时研究哑剧，50岁开始健身，57岁创造"活雕塑"，65岁学骑马，70岁练成腹肌，78岁骑摩托，79岁上T台……

通过留意他的微博动态，近来我发现他又学起了溜冰与滑翔伞。王德顺从来没给自己的人生设过限，他一直为心中的热爱而活，他的梦想一直熠熠闪光，对他而言，只要日子还没过完，就没有"来不及"，也没有"做不到"。

　　不要畏惧失败，摔倒了大不了爬起身从头再来，哪怕只是向前挪动了一厘米，那也是进步。

　　不要被年龄束缚住手脚，没有所谓的"什么年龄做什么事"，只要敢想也敢做，那所有的事情都正当时。

　　不要胆怯地为自己的人生设限，你想要的人生只有在不断地追求与努力之后才会开花结果。

　　张泉灵在演讲时总结了这样一句话："历史的车轮滚滚而来，越转越快，你得断臂求生。不然就跳上去，看看它滚向何方。"其实说到底，时代并不会抛弃你，就怕你胆小地放弃了这个时代。请记住，只要人生还没过完，就没有所谓的"这辈子就这样了"。

　　你只管努力就好，请把结果交给时间。

NO. 2

当你过于在乎别人的想法，

日子只会越来越拧巴

爱情里故作坚强，只会伤害自己

———

"没事"说多了，便真的开始不被他人在意；
"没关系"说多了，便真的成了另一半眼中理所
当然的"没关系"；"我可以"说多了，另一半
便不会再怀疑你是否在逞强、伪装。

朋友小H发了条微信朋友圈，配图是一张海报，上面摘录
着一条情感语录："爱情就是一场冒险，赢了，厮守一生；输
了，那个比朋友更亲近的人，连朋友都不是了。"配文是："姐
又恢复自由身了。"我私信她，问她究竟是怎么一回事——要
知道，她和老李的爱情故事，可一度是我们朋友圈中的佳话。

上一次与小H联系的时候，她还处在新婚的喜悦中，别

人的感情是七年之痒，她和老李却是七年修来共枕眠。曾一度羡煞旁人的情侣，转眼间却又各奔东西。我问她两人离婚的原因，试图当个和事佬。当时我想着，两人那么多年的感情，哪是说没就能没的，没准还有转圜的余地。小H淡淡一笑，道出了始末。

那是一个周末，小H约了好友小N逛街。当天晚上，老李出去应酬，小H便和小N约好两人吃完晚饭后一起去看电影。

前一夜下了雨，之后又下了雪，路面结了冰，白天雪虽然融化了一些，但在一些背阴的小路上仍有残余的冰。天黑路滑，小H虽万般小心，但还是摔了一跤。这一摔不要紧，下身竟摔出了一摊血，到医院被医生告知是小产。一个是不知道自己已经怀孕的新婚女人，另一个是男朋友还没着落的黄花姑娘，一听这事，两人都慌了。小H立马给老李打电话，却怎么都打不通。

小H再见到老李的时候，已经是第二天了。她问他为什么一直不接电话，老李解释说自己喝醉了，没有听到电话响。正在气头上的小H说了许多狠话，最后才哭着说："你知不知道我昨晚进医院了。"老李问她哪里不舒服，可气头上的小H哪里听得进去，又说了更多的狠话。可能是被她吵烦了，老李烦躁地说："你之前生病不也是自己去医院吗？有什么大不了的。现在又是闹哪出？"祸根就此算是埋下了。虽然后来得知实情的老李诚恳地道了歉，但小H心里那道坎儿却怎么都过不去了。

上大学那会儿小H得急性阑尾炎，是室友送她去医院做的手术。那几天正好赶上老李参加期末考试，小H怕自己的病情影响老李考试发挥，对此事愣是只字未提。大四的时候，小H是最后一个搬离寝室的。炎热的夏天，小H一个人拖着三个尼龙袋子搬家，搬家第二天就患了热伤风。虽然有男朋友，但小H其实一直都是一个人，生病了自己一个人去医院，灯泡坏了自己一个人换，搬家的时候自己一个人想办法……小H常说，异地恋就是这样，根本没办法在需要对方的时候要求对方立即出现，那又何必说出来让他担心呢？即使后来两人结婚了，小H也还是报喜不报忧，有事都是自己一个人硬扛。

　　不知道凡事习惯先为对方考虑，最终伤痕累累的小 H 在拿到离婚证的那一刻，有没有想到这句话：爱情里的故作坚强就像慢性毒药一般，会慢慢使对方麻痹，直至忘记另一个人内心的柔软与渴求被理解的心。

　　社交平台上有这样一个问题："那些爱逞强，不爱麻烦别人的人到最后都怎么样了？"下面有这样一条高赞回答："活着，但挺累的，总是绷得紧紧的，对自己要求很高，必须成为更优秀的人。无时无刻不担心自己会打扰到别人，怕给别人添堵，下意识地不建立过深的友谊，因为担心自己的依赖会给别人带来麻烦，就连伴侣也一样。"

　　如今，很多人愈发勇敢、独立，看起来特别洒脱，特别酷，在感情里尤为如此。酷到被追问"还好吗"的时候会自然地回复一句"没事"，酷到即使受到伤害也只会轻描淡写地说一句"没关系"。可是，真的"没关系"吗？没人追问，也没人在意。

　　生活不是电视剧，没有人能保证自己的人生一定会上演完美的大结局。"没事"说多了，便真的开始不被他人在意；

"没关系"说多了，便真的成了另一半眼中理所当然的"没关系"；"我可以"说多了，另一半便不会再怀疑你是否在逞强、伪装。到最后，"装酷"慢慢变成了"真酷"。

爱情里，很多人都在期待着同样的被理解，希望对方可以看到自己柔软的一面，也能懂得自己的坚强。只不过，正如廖一梅的那句流传甚广的话一样："在我们的一生中，遇到爱，遇到性，都不稀罕，稀罕的是遇到了解……"

爱情中，如果你就是那个很酷的人，希望你可以卸下盔甲、放下防备，向对方展现出真实的自己，直抒胸臆，往往好过故作伪装。因为爱情本来就是有那么一点点的不讲道理，它既不需要太过大度，也不需要强行装酷，更不需要你一味为别人着想而忽略自己、伤害自己。

盲目断舍离，终将无法追忆曾经的美好

———

我一直固执地认为，只要那个东西一直留在那里，回忆便可以随时撞进我的脑子里，带我重温那个时期的美好。

忘记是谁跟我说过："之所以不再留恋家乡，是因为儿时玩耍过的家门前的河流早已变了模样。"

《山外有山》里有一段话："说出来怕显得矫情，我身体里常住着一个念旧的老人：他从夏日炎炎的新街口出发，哼着李宗盛的《伤心地铁》和王杰的《安妮》……他穿着白色背心，骨瘦如柴，步履矫健，从新街口到西单可以不走大马路，只需几个胡同便能抵达，这条路怎么走只有他和少数人

知道。那时燕京啤酒还都是两块五的大绿棒子，三五小伙伴几十块钱可以在路边烤串吃到打嗝。那时手机只能发短信和打电话，每月电话的分钟数还得算计着打，电话里说好下午两点在朝阳公园哪个场儿打球，人就一定会在两点都到齐。对他来说，情义和责任是最重要的，只要认定了的，那就是大半辈子的事了。"

或许我的心里也住着这样一个念旧的老人，所以对久远的过往常常难以释怀。

大学毕业以后，留在同一个城市一起打拼的朋友越来越少，出租屋里的私人用品却越来越多。预想到以后搬家时的忙乱，我便开始学着断舍离。挑挑拣拣中，很多去年买的衣服、鞋子已经躺进了小区的衣物捐赠箱里，可那些有了岁月痕迹的老物件却总是在被舍弃的一瞬间又被重新拾起。放不下的不仅是那些物件，还有那些无法重来的生活。我一直固执地认为，只要那个东西一直留在那里，回忆便可以随时撞进我的脑子里，带我重温那个时期的美好。

小时候在家，总是喜欢躺在自己卧室的那张小床上。长大后，闺密曾和我一起躺在那张床上细数墙上张贴的海报，每一张都可以引出一段回忆。房间一直保持着我中学时期的样子，书架早已放不下多出来的书籍，平安果的包装纸成捆地卷在一起，不知是谁送的巧克力已在角落里落满了灰尘。再看看镜中的自己，总会有种恍如隔世的感觉。

有人说，念旧的人活得像个拾荒者，因为这和大部分人所追逐的光鲜亮丽的生活是格格不入的。《喋血双雄》里说："我们都不再适合这个江湖"，"我们太念旧了"。很多人为了适应"这个江湖"，放弃了过去，也放弃了自己。然而，当我们真的与过去完全隔绝开的时候，生命的意义还剩多少呢？

出租屋的书架上放着我珍藏的宝贝，每当有朋友来拜访时，我总要拿出来向他们展示一番。那是三本相册和一个公文袋，最大的那本相册里夹着我前往各个城市的飞机票、火车票和城市地图、景点门票，它们是我这些年来四处旅行的记忆。此外还有数十张电影票，它们记录了一个又一个我与自己对话的夜晚，它们见证了我的孤独，也见证了我的勇敢。还有三张英语四级的准考证和两张英语六级的准考证，它们将是我今后教育自己的后代要好好学习外语的凭证。还有那个装了58元钱的红色信封，在外人看来不值一提的58元却是我和大学舍友们梦想的开始，那是上大学时我们几人合伙做小本生意积攒下来的钱。虽然钱很少，但是每次见到它我都会非常感动，燃起斗志，因为青春、梦想，以及曾经并肩奋斗过的日子，都藏在里面。

念旧，在我看来并没有那么糟糕。

我们常常睹物思人，也常常睹物忆情。看到某样东西，我们马上就能想起彼时的自己是开心的还是难过的。旧物的存在，让过去有迹可循。

看到画册里的画，忆起自己儿时曾梦想当画家；看到堆在角落里的吉他，忆起自己也曾文艺张扬；看到那些尘封的情书，忆起自己也曾被人温柔相待……应该承认，其实我们真的不该盲目跟风地断舍离，人有时候真的需要保留一些老物件，不为时常念起，只为我们韶华逝去、记忆衰退时帮我们一同追忆。当你追忆儿时的友情，追忆年少的心动，追忆曾经的疯狂与勇敢、热情与善良时，你会真真切切地感悟到：我这辈子活得还是挺有滋有味的。

调整一下工作心态，你会轻松很多

不要轻易向工作中的艰辛低头，我们可以假设生活只是一场妙趣横生的冒险，就像爱丽丝突然闯入仙境中那般，蜥蜴可能庞大如蛇，但蘑菇也会为你遮风挡雨。

前段时间，一位客户无意间看到了我做的一份招商PPT报告，便主动询问我们公司是否提供PPT制作项目……就这样，我莫名其妙地承接了一个"大项目"。时间紧，任务重，1500字的文字资料要修改成20张以上的PPT，在对项目内容完全不了解的情况下，这难度可想而知。

接连3天，每天工作超过12个小时，最晚的一次甚至加班至午夜，走出园区的时候整栋楼都已经是黑黢黢的了。我用打车软件叫了辆出租车，怕出意外还特地把牌照拍下来发给我的闺密。

司机从后视镜中看了我一眼，问："小姑娘，怎么这么晚才下班？"我警惕地回他："加班。""你们这栋楼也是做软件的吗？我看亮灯的房间也不是太多呀。"我无意与他交谈，便没有接话。可他好像并不在意，又继续说道："俺家姑娘在北京也天天加班，不过北京的打车费可比咱们这儿贵多了，听俺姑娘说她打一次车怎么也得百八十元……"

听他提及女儿，我的警惕稍微放松了一些，放下戒备和他聊起来："您闺女在北京是做什么的呀？""她是做软件研发的，一年到头天天加班。上高中那会儿她就喜欢鼓捣电脑之类的电器……我和她妈都想让她学个会计啥的——也不奢望她赚多少钱，安安稳稳的不就挺好——谁能想到啊，她最后竟然做起了软件研发，还做得这么卖力！"

"做软件研发确实挺累的，加班是常态。"

司机大叔沉默了片刻，然后话锋一转："不过也挺好。

我是想明白了，她还年轻，让她闯闯也是好事儿。年前我和她妈妈去了趟北京，她请假带我们玩了两天。她带我们逛了故宫、长城，还去吃了那个什么全聚德烤鸭，和小时候可不一样喽。唉，闺女长大了，我们也老了……"气氛突然凝重了起来。原本我想说点儿什么安慰他，嘴张了张愣是一个字都没吐出来。大叔也没在意，接着又说道："你们这些小姑娘啊，天天加班可不行，可得注意身体啊。知道你们忙，那就得多吃点儿好东西。我也天天跟我闺女说，无论加班到多晚，这晚饭必须得吃好了。"那一刻，我感觉心中暖暖的，一天的忙碌与疲惫在这一刻得到了缓解，我小声跟他道谢："谢谢您，您这工作其实也蛮辛苦的。"司机大叔突然提高了音量："我都开了一辈子车了，早就习惯了，一点儿都不觉得辛苦。以前我一直以为大老板们的生活肯定美滋滋的，后来在工厂里给一个老板当司机，发现他们也要天天加班。不光这样，他们还有各种应酬：今天这里有酒局，明天那里有酒局。肝啊，肾啊，全都给喝坏了，不喝酒的时候就得大把大把地吃保健药。你说说，谁容易啊！我记得特别清楚，有天那个老板竟然对我说：'老张啊，我可真羡慕你！'你看啊，他一个大老板倒羡慕起我来了……"说完，司机大叔爽朗一笑。原本还想继续听他讲故事，可惜车已经开到我家门口了。临下车的时候，司机大叔还嘱咐了我一句："回家记得喝点儿暖的东西再睡。"

连日加班造成的沮丧感一扫而光。是啊，没有谁的工作是不辛苦的，只看你怎么看待它。

看过一个特别有意思的短视频，配文是"当代年轻人的心声"。视频里，一只狐狸和一只黑鸟在生无可恋地抖啊抖，配音是："明天的工作，没有干劲儿啊；人与人的交流，好想放弃啊；今天也热死了，什么都不想干；救命，我不想做人啦！"下面的评论是清一色的赞同，纷纷表示："这不就是现实生活中的我吗？"

一周内，只有周五晚上下班时比较兴奋。周六一早，明明假期刚刚到来，却有了后天就要上班的恐慌感。工作日从早晨就开始犯困，吃午饭时才能清醒，下午继续迷糊，只有晚上躺到自己的小床上，才觉得这一天真正地到来了……

对工作，我们有时会感到厌倦，这时，不妨到深夜的街头走走，你会在那不起眼的角落里发现生活的真相。正如网上曾广泛传播过的一张凌晨时间表：

1：00　卖水果的婆婆准备收摊了。

1：30　外卖小哥还在给加班的白领送去夜宵。

2：00　在饭局上应酬半宿的中年人才刚回到家。

3：00　值班的护士正在全力配合抢救刚送来的病人。

3：30　货车司机已经整装待发。

4：30　卖早餐的婆婆推着餐车，吃力地穿过逼仄的
　　　　弄堂。

5：00　唤醒城市的环卫工走上萧瑟的街头。

……

那个刚结束三次排涝救援、坐在马路牙子上就地吃"晚餐"的19岁的消防员，一旁的同事问他："包子好不好吃？""嗯！""第几个了？""第11个！"

那个年轻的医生，从早上9点一直忙碌到第二天凌晨3点，连着做了4台手术。做完最后1台手术的他，还没来得

及换下身上的手术服便瘫倒在地上睡着了。

还有那个冒雪连续加班的公交机修工，他怀里抱着的是还没来得及吃的盒饭……

这样的例子太多太多。无论何时何地，这个世界上总有在奔波着的人。我们既没有哪吒的风火轮，也没有孙悟空的筋斗云，只能脚踏实地，慢慢地前行，稳稳地走。牢记工作中的艰辛，然后带着它继续上路。那些痕迹，便是我们活过的证据。

不要轻易向工作中的艰辛低头，我们可以假设生活只是一场妙趣横生的冒险，就像爱丽丝突然闯入仙境中那般，蜥蜴可能庞大如蛇，但蘑菇也会为你遮风挡雨。

想把一首歌的歌词送给你："穿过幽暗的岁月，也曾感到彷徨。当你低头的瞬间，才发觉脚下的路。心中那自由的世界，如此的清澈高远。盛开着永不凋零，蓝莲花……"

共勉！

宁愿走得慢点儿，也别让浮华遮住双眼

——

很多时候，我们迷茫并不是因为找不到前进的
方向，而是因为在烦乱的脚步中迷失了自我。

有个姐姐拿着我写的书跑来找我签名，签好后我们坐在咖啡厅里闲聊，她好奇地追问我："你是一直都有出书的想法，所以现在时机成熟了就出了本书吗？接下来你还会继续写文章，继续出书吗？"

我一时被问蒙了。

其实，从新书出版到现在，我一直处于"失落期"。我不知道自己这是怎么了，出书明明是我一直期待的事情，可为什么真正实现这个愿望之后，我却并没有那么快乐呢？我

每天只是惶惶不安，除了不断地刷新各平台的销售数据，以及跟别的作者比拼新书销量外，好像对其他一切事情都失去了兴趣。

那个姐姐的突然发问，使我第一次认真地思考起一个问题：出书这件事对我而言，真正的意义在哪里？

坚持写作并且最终出版一本书，不仅仅是我的一个人生目标，更是我内心多年来坚守的信念。我心底一直有个声音在呐喊："有一天你一定可以出版属于自己的书的，五年不行就坚持十年，三十岁做不到四十岁总该能行。"出书这件事已经融为我生命的一部分，我始终坚信我能实现它，所以将大部分精力都倾注到了这个明确的人生目标上。而当有一天它真的实现了的时候，我反而不知道接下来的路该怎么走了。

"如果你可以为了一个目标，活了三十年，那么当这个目标完成以后，你又会为什么而活呢？"这是电视剧《沙海》里吴邪对苏难说的话。听到这句话的时候，我的心脏狠狠地抽痛了一下，感觉这句话就是说给我听的。我从来没有想过，有一天竟会迷失在自己的人生规划里，这听上去真是挺讽刺、挺悲哀的。

"活着的意义"，并不是只有哲人才会探究，如你我一般的凡人也会。我们常常会在人生的某一个时刻、某一个阶段突感疲惫，或身体，或心灵，对自己一直以来坚守的信念产生动摇，进而变得情绪低落。

毕淑敏曾回答过这样一个问题：你是怎样度过人生的低潮期的？"安静地等待。好好睡觉，像一只冬眠的熊。锻炼身体，坚信无论是承受更深的低潮或是迎接高潮，好的体魄都用得着。和知心的朋友谈天，基本上不发牢骚，主要是回忆快乐的时光。多读书，看一些传记。一来增长知识，顺带还可瞧瞧别人倒霉的时候是怎么挺过去的。趁机做家务，把平时忙碌顾不上的活儿都抓紧此时干完。"细细品味，她所说的这个度过人生低潮期的方法，其核心就是去做那些能让自己平静下来的事情。很多时候，我们迷茫并不是因为找不到前进的方向，而是因为在烦乱的脚步中迷失了自我。

我找出刚出书那会儿粉丝们帮我做宣传的图片，有个人写道："你说你的爱好是写作，可看着你那人数少得可怜的读者群，我不止一次地劝你要学会面对现实。谢谢你没听我的胡言乱语，谢谢你的坚持，谢谢你没有为了活成别人喜欢的模样而丢失自己。"

再次看到这段话，我依然热泪盈眶，它让我想起了过去那个名不见经传却依然坚持写作的自己。那时候，写文章对我而言是最简单的爱好，看着自己的作品在各个网络平台上传播，我只会由衷地欢喜。可是，慢慢地，我越来越在乎阅读量，越来越在意那些糟糕的评论，写作除了带给我快乐之外，也开始给我带来精神上的痛苦。再后来，我出了自己的第一本书，本以为我会获得简单的欢喜，可实际上却令我在迷茫的深渊中越陷越深。

有人说："不要因为走得太远，忘了我们为什么出发。"那个姐姐随口提出的一个问题，让我开始静下心来思考今后该走的路。当我试着追忆自己最初的那份心情时，才明白，前进的方向一直都在，只不过我被浮华的名利暂时遮住了双眼……

　　路边的风景，只有在慢下来的时候才能观赏得真切。当你感到迷茫、浮躁的时候，不如暂时停下脚步，想想当初内心的那份朴实和纯粹，问问现在的自己是否还如当初那般快乐。在所有快步前行的日子里，希望你能随时停下脚步，寻一寻曾经的自己。

我们都是普通人，偶尔的脆弱并不丢人

———

年少时我们可以放声哭泣，可随着年龄的增长，
我们好像越来越耻于流露自己脆弱的一面，总
是拼命压抑自己的悲伤。可是，我们终归是有
血有肉的普通人啊！

午夜的肯德基餐厅里，邻座的男孩子正在背英语单词；
临窗的情侣正甜蜜地依偎在一起用手机看电影；另一边的女
士正在自拍；而角落里的那个男人则戴着耳机，边看电脑
边回复着工作电话。这时，一个小朋友在过道上玩耍时弄洒
了一杯饮料，溅落的果汁弄脏了角落里那个男人的白色运动
鞋，小孩不知所措，男人则拍了拍他的头表示没关系，然后

继续手上的工作。

那通电话他打了将近半个小时，撂下电话之后眼睛也一直盯着面前的电脑。隔了很久我再次抬头看向他，他依然保持着那个姿势，白色运动鞋上的污渍早已被空调烘干，颜色更深了。

不多时，男人的手机又响了，他再一次接起电话，只见他眉头紧锁，对着电话那端说了很多遍"对不起"。电话挂断之后，他的手指又开始飞快地敲击键盘。

周围已经来来往往更换了好几拨人，背单词的男孩开始收拾书包，临窗的情侣早已离开，自拍的女士不知何时已停止自拍，正趴在桌子上睡觉，我也继续埋头码字。

又过了一会儿，服务员问我是否可以将桌上的餐盘收走。思绪再一次被打乱，我很自然地将目光投向男人的方向，这一次他终于没有打电话也没有看电脑了，而是将双手握成拳支撑在额前，低垂着头，给人一种颓丧感。

我不知道这一晚在他身上究竟发生了怎样的故事，但他周身散发的阴郁之气感染到了我。他就静静地坐在那里，保持着同样的姿势……

　　成年人的忧伤其实很多时候就是这般的静悄悄。他们静悄悄地感受压力、烦躁、悲伤、痛苦，再一个人静悄悄地消化这些情绪。可能再深刻的词语也无法更好地形容这些，但只要是有过相同经历的人，便一定能懂。

　　那个男人离开的时候，我电脑里的音乐播放器正在播放《裂缝中的阳光》："心脏没有那么脆弱，总还会有执着；人生不会只有收获，总难免有伤口。不要害怕生命中不完美的角落，阳光在每个裂缝中散落……"

　　我看着他离去的背影，突然想起自己深夜加班时受过的委屈，那是一种需要掩面极力控制，才能勉强不让泪水流下的委屈。

　　当时已是深夜11点，方案来来回回修改了好多次，我的耐心在一点点地耗尽，特别想冲对方发脾气，可最后说出口的，还是一个"好"字。只能安慰自己：改就改吧，毕竟他们是要付钱的。可消极的情绪怎会那么容易消化？

　　回到家中，原本打算拿瓶酸奶喝，可开冰箱门的时候却不小心撞翻了摆放在下层的盒装巧克力。盒子里的巧克力球随即脱离凹槽，以致我无法严密地合上盖子，不得不打开盖子一粒一粒地将巧克力归位，结果摆着摆着就开始落泪，委屈得连我自己都觉得莫名其妙。

这就是一些成年人的世界，很多阳光温暖、笑容灿烂的白天，都伴随着咬紧牙关才能熬过去的深夜。

前段时间见了一位关系很好的朋友，从她最近的朋友圈动态可以看出，她近来过得并不是很好。关心的话不知从何说起，踌躇良久，最后只是问了她一句："最近……你还好吗？"她看了看我，嘴角带着苦涩的微笑，原本以为她会跟我抱怨一通，然而，她只是说："我给你讲个笑话吧！"这不着边际的回答让我有些意外，我迟疑地点点头："好啊……"

"企鹅和北极熊是一对好朋友，但他们住的地方相隔太远了，只能通过电话或者微信联系。有一天，北极熊特别想念企鹅，便给企鹅打了通电话，说：'企鹅，我太想念你了，你来看看我吧。'企鹅想了想，略带歉意地回答：'我的好朋友，我也特别地想念你，但我太南了……'"

　　她讲第一遍时我没听懂，她便又强调了一次："我太南（难）了……你刚刚不是问我最近怎么样吗？"

　　我这才听懂她的意思，忙不迭地附和着笑起来，可是她看着我，却突然控制不住地流下了眼泪……她告诉了我那段时间她身上发生了什么：家人生病住院，工作上受排挤，恋情遭遇危机……我也是后来才从别人的口中得知，"我太难了"是当时网络上的流行语，它背后的意思是"我压力真的很大"。原来，好友本想用这样一种诙谐幽默的方式向我展示她的坚强，可却收不住突然奔涌而来的情绪，在那一刹那溃不成军。

　　电视剧《小欢喜》里面，有一段方圆痛哭的戏。

　　方圆45岁，在工作中没有太大的野心，一直以来也是勤勤恳恳。在公司完成并购之后，原本以为自己会升职加薪的方圆，不承想反而失了业。突然变得无所事事的方圆为了不让家人担心，便隐瞒了失业的事实，每日依旧按时出门，然后到商场消磨时间，甚至因此引起了商场保安的注意。

　　看起来颇具喜感的电视剧片段，却真实地演绎出中年人心酸的一面：尴尬的年纪，上有老人需要照顾，下有孩子需要养育，既不敢生病也不敢轻易显露情绪，失业这种大事更是万万不敢说出口的。

方圆表面上看起来还和以前一样，整日里嘻嘻哈哈的，看似没心没肺、毫不在意，可在一次喝酒的时候，他无意中得知了金庸先生去世的消息。这消息像条导火索，那一刻，长久积压在心头的情绪决堤般奔涌而出，悲从中来的方圆坐在家门口失声痛哭……

我也失过业，所以那种感觉我了解，即使嘴上说着不在意，可自己心里这关还是很难过去的。待业的时间越久，心里的焦虑感便越浓重，慢慢地甚至会出现各种自我否定的负面情绪。中年人在面临失业时会更为煎熬，他们处在一个尴尬的年纪。失业意味着经济上将会面临巨大的压力，车贷、房贷、子女的教育费用，以及父母的赡养问题等，需要花钱的事情接踵而至，就算家庭足够富裕，没有所谓的"经济压力"，精神上的压力也很容易将人压垮。

工作对于一个中年人而言究竟意味着什么呢？仅仅是一

份工作吗？肯定不然。它或许更像是一种心灵上的寄托。对于有着沉重家庭负担的中年人而言，工作是他们找寻自我的真正出口，既是自我价值的体现，也是获得自我肯定的最直接路径。

不同的年龄段会有不同的在意的点，不同的年龄段也会面临不同的失意。年少时我们可以放声哭泣，可随着年龄的增长，我们好像越来越耻于流露自己脆弱的一面，总是拼命压抑自己的悲伤。可是，我们终归是有血有肉的普通人啊！喜怒哀乐本就是人类的本能，我们何苦这样为难自己呢？要知道，当内心不再积满消极的情绪时，我们才能活得更好呀！

所以，亲爱的朋友，当你无能为力时，就找个合适的时机痛痛快快地哭一场吧！那一刻，别再想什么"成年人该有的样子"，你就是你！

学会输得起，方能减缓内心的压力

我们从小就是在"失败乃成功之母"的座右铭
的鼓励下长大的，可真正能够认清"失败"的
人却并不多。

周末一早我跑去商场的电影院看了部电影，电影结束时
还不到11点。坐扶梯下楼的时候，我听到一阵呐喊声，顺着
声音望去，只见七八个五六岁的萌娃正骑着儿童平衡车比赛
呢。出于好奇，我临时改变了路线，转身跑去儿童游乐区
看他们比赛。

比赛很快结束了，围观的人群开始散去，就在这时，赛
道旁却突然传来一阵哭声。孩子的妈妈小跑过去，一把将他

抱进怀里，连哄带骗地把他从儿童平衡车上抱了起来，一直温柔地说："没事没事，你已经很棒了。"

显然，这个孩子在刚刚的比赛中输了。

这时，远处走过来一个胖一点儿的孩子，他有些好奇地看向那对母子，然后问了句："他怎么了？"

那个被抱着的大哭不止的孩子只是瞄了他一眼，就继续趴在妈妈肩头大哭。孩子的母亲倒是很温柔，耐心地解释道："他因为刚刚的比赛没发挥好，伤心了。"

胖胖的小孩看了看比赛场地，然后字正腔圆地说道："没事没事，我妈妈说了，比赛不应该只在乎输赢，重要的是要享受它的过程。"

那位妈妈也附和道："你看小哥哥都说啦，比赛不应该只在乎输赢的啊，你刚刚的表现妈妈都看在眼里了，真的特别棒呢！"

小男孩的哭声终于变小了一些，他好奇又胆怯地看向那个胖一点儿的孩子。

"你要不要再和我比一场？"胖胖的小孩提议。小男孩想了想，点了点头，哭声也停住了。

比赛很快开始了，那个胖胖的小孩双腿滑动的时候整个身体都在跟着颤抖，他脸上的笑容却格外天真烂漫，围观的人们也不自觉地跟着笑了起来。

比赛结果很快出来了，小一点儿的男孩险胜，他脸上终于露出了笑容。而一旁输了比赛的胖胖的小孩非但没有一丝失落，反而特别开心地夸赞起自己刚刚的"对手"来。他对小男孩说："你真棒哦！昨天我赢了刚刚获胜的那个小子，今天你又赢了我，你才是我们中最厉害的……"

听完，那个小男孩更开心了，一蹦一跳地朝着他的妈妈跑了过去。

我看着那个胖胖的小孩，既欣慰又惊讶，真不敢想象那样的话竟然出自一个五六岁的男孩之口，尤其是他看待输赢的态度，让我一个成年人都自愧不如。

其实那段时间我正处于工作的低谷期，一直被否定的方案以及领导略带失望的语气都成了无形的压力，压得我无处遁形。我真的太想做好那份方案了，并且也付出了非常多的努力，可结果却并不尽如人意。我感觉非常委屈，很多次都想发泄自己的情绪，甚至想向领导怒吼："我已经做得很好了啊！你为什么就是不满意？"可实际上我什么都没有说，也没有对谁发脾气，但内心的压抑感却日渐累积，直到遇到这个胖胖的小孩。

我在一个五六岁的男孩身上看到了一个人对待输赢应当持有的最好的态度，那就是任何时候都要输得起，这样我们才能在输的同时释放内心的压力，进而以更好的状态迎接新一轮的挑战。

网上有一份详细的"失败清单"，用来教人们如何"失败。"这份清单中，我最喜欢的是第一条和最后一条，它们分别是"用自己的方式，尽情地失败一次"和"从你的失败中学习"。

我们从小就是在"失败乃成功之母"的座右铭的鼓励下长大的，可真正能够认清"失败"的人却并不多。很多事情上，我们都太想赢了，给自己的压力也太大了。其实，如果感觉现阶段实在赢不了，那么学会输得起便好。

最近看了北大教授戴锦华在参加北大中文系2018年毕业典礼时的演讲，她说了这样一段话："曾经说过，也许人生的第一课，也是毕生之课，是学会输得起。输得起，是当年我步入高考考场时的自勉，也是我一生的功课。我说过，输得起就好。我仍要说，祝你们成功，如果你们不甚成功，甚或落败，那么，输得起就好……"

我想把这段话送给亲爱的你们，以此共勉。

盲目听信他人的言论，只会给自己的人生留下遗憾

很多时候，我们总因盲目听信别人的言论，而
丢失了自己独立思考的能力和一直遵从的价值
体系。

和几个大学同学聚完餐后一起逛街，陪其中一个同学买
了支口红，是很漂亮的西柚色，涂到唇上之后她整个人的气
色都提升不少。逛累了我们便到肯德基餐厅买了几杯果汁，
边喝果汁边聊天。L对我们帮她挑选的口红很满意，对着小
镜子臭美地在唇上涂涂抹抹，约定下次买口红时还要带上我
们。我低头偷笑，眼睛无意间瞟到我的果汁吸管上的口红
印，顺势往她们几个的饮料吸管上望去，也是如此。我抽出

那根沾了自己口红的饮料吸管，跟她们讲起了我人生中购买的第一支名牌口红的故事。

我人生中第一支名牌口红花费了近300元，对当时一个月只有1800元实习工资的我来说，这口红绝对算是一件奢侈品了。当时之所以狠下心买它，是因为在网上看到一篇文章，文章的大致内容是说，昂贵的口红不会脱色，不会沾杯，用它会提升女孩子的自信心。如今的我是没办法把口红价格和自信心联系到一起的，但在当时，那个涉世未深、对营销行为一窍不通的我，就那么轻易地被蛊惑了。

后来，我陆陆续续又买了很多支名牌口红，可每一支都跟那个作者所说的"廉价口红"一样，会脱色，会沾杯。多年涂口红的经验告诉我，要想让口红不沾杯，关键是在最初涂的时候下功夫，比如涂好后要用纸巾抿掉口红的浮色，或者再涂一层散粉定妆。说到底，当年的我就是被那个作者所讲的故事蒙骗了。

朋友们笑着听完我讲的故事，纷纷感慨营销文的厉害。

不过，我虽然当初上了营销文的当，但也并不是完全没有收获，起码我开始思索一个问题：当别人向我们提出某个观点的时候，我们是否应该不假思索地全盘接收？

我第一次跟团旅行是去长白山。登山那天，一大早天就暗沉沉的，当我们赶到山脚的时候，天空已经开始纷纷扬扬地飘起小雪花。导游叮嘱了集合的时间后，一车人便散开各自登山。当时已进入农历十月份，天气本来就挺冷了，因突然降雪，温度又下降了很多，地面很快结起冰来，再加上周围的能见度越来越低，上山的路变得异常艰难。

旅行团中有一个较胖的光头大哥，因其声音洪亮、性格粗犷，所以我对他印象很深。当时他一路都跟在我身后。我和一个姐姐临时搭伴，一路搀扶前行、互相鼓励，爬得还算顺利。可那个光头大哥就没这么幸运了，他体形本就臃肿，走起山路更是步履维艰，时不时就会摔倒在地。雪越下越大，伴随着山中凛冽的寒风，我们埋头缓慢地向上爬着，谁都不再说话，只有台阶上依稀可辨的数字提醒着我们：离山顶越来越近了。

大概爬到1300多阶的时候，身后的光头大哥停了下来，用他那标志性的大嗓门和一位正往山下赶的游人攀谈，问对方自己的位置距离山顶还有多远。对方怎么回答的我没听清，不过那人刚一离开，光头大哥就朝着我们喊了起来："距离山顶还远着呢！看这架势，应该马上就要封山了，我不爬了，先回去了，实在不行你们也赶紧下来。"

我和同行的姐姐没有因为他的话而退缩，反而加快了前行的步伐。就在光头大哥和我们分开后不久，我们便抵达了山顶。那时我才发现，原来登山的台阶总共只有1442阶，那位大哥只要再坚持一会儿就可以登顶了，可他在最后一刻放弃了。不知道那位大哥是否会遗憾，遗憾当时因轻信别人的言语而草草地选择了放弃。

不可否认，当别人热心地为你出谋划策时，通常是带着真心实意的"为你好"的心思的。但每个人的情况不同，那些"为你好"的建议并不一定适合你，也不一定正确。一个婚姻不幸的人，很难说出"婚姻是美好的"这句话，因为以他的亲身经历来看，婚姻就是不幸的；一个中途放弃学弹钢琴的人，很可能只会对别人诉说练琴究竟有多苦、多难。

所以，很多人都是根据自己已有的经验给出对他人的所谓的"建议"。如果这类并不完全正确或者不完全适合当事人的"建议"被当事人不假思索地采用，他们就很可能会错过人生的种种美好。

在互联网时代，大家的各种言论以最大程度扩散，新媒体的传播速度又放大了言论的影响力。于是，大家慌忙"站队"，用别人的言论来表明自己的立场，可仔细想想，这样随手拿来的思想真的可以代表你自己吗？

为了更好地适应群体生活，我们从小就被教育要合群，不要特立独行。殊不知，在充当"大多数"的过程中，我们正在慢慢丧失自己的个性。

很多时候，我们总因盲目听信别人的言论，而丢失了自己独立思考的能力和一直遵从的价值体系。所以后来，当再有朋友就自己人生的某一抉择向我寻求建议时，我都会先客观地帮他分析事情的本质，然后让他自己做最终的决定。因为我知道，如果说服对方全盘采纳我的建议，那他不过是在用时间检验建议的对错而已。任何事情，行与不行，能与不能，只有自己选择并且认真尝试之后，才会产生清晰而深刻的认知。

人生的经历是笔谁也偷不去、抢不去的财富。对于他人的言论，最好的处理方式是只信一半，另一半留给自己去思考，在权衡利弊后得出最适合自己的处事方法。

警醒起来吧，当你失去独立思考能力的那天，你，将不再是你！

勇敢战胜负面情绪，才能得到真正的幸福

———

当你情绪崩溃，以为全世界只有你最不幸的时
候，其实世界上还有很多人有着各种各样的苦
恼。大家的痛苦虽然不同，但至少你不是孤单的。

七月中旬的时候，我感觉自己好像抑郁了。

那时候我刚刚结束漫长的感冒，又在医院陪护了一个礼
拜，一直处于恍惚状态。在很长的一段时间里，我都感觉不
开心、心情压抑、胸闷，并且喜欢叹气。一期综艺节目总是
看不完，听歌五分钟可能又会跑去看小说，结果又是只坚持
了五分钟而已。我非常需要人安慰但又非常不想见人，最重
要的是，我控制不住自己的情绪。印象最深的是某天坐公交

车，胸口又堵又闷到想流泪，泪水便真的一点儿不受控制地流了下来。毫不夸张地说，那种感觉真的很像小时候尿床，完全控制不住自己。一旁的老奶奶注意到了我的异样，连忙站起身给我让座……

那一段时间我做了很多如今想来很是幼稚的傻事，比如在睡不着的深夜在朋友圈发长篇感悟，又在次日醒来后慌忙地删掉……

我在微博上问："最近感觉有些控制不住自己糟糕的情绪了，你们都是怎么控制情绪的呢？"下面有很多回复：有人会开车出去兜风；有人会到 KTV 里声嘶力竭地吼一吼；有人会逛商场，用消费来发泄情绪；而有人则更愿意躲在角落里静静地疗伤；当然，也有和我一样发出疑问的小伙伴。从话题的热议程度不难看出，其实很多人都有过这种被情绪控制的瞬间。

我不会是得抑郁症了吧？这是我那段时间最担心的事情。一直觉得抑郁离我很远，我很不愿意承认自己会和它沾上边儿。我在网上找了个抑郁症自测表进行测试，测试的结果为25分，重度抑郁症，科学与否暂且忽略，但这个测试结果确确实实让我变得更加郁闷了。

　　那些天我主动联络了很多久不联络的朋友，原本是想和对方聊聊天，从而缓解一下自己的情绪，但现实情况往往事与愿违。可能因为做惯了倾听者吧，我没办法直白坦诚地开口对别人诉说，总是在聊天的过程中不知不觉变成了倾听者——那个为别人排忧解难的人。

　　朋友告诉我，他正处于事业的瓶颈期，整夜整夜地失眠、焦躁，甚至脱发，总是控制不住地想向家人发脾气……

　　原来不只我一个人有控制不住情绪的时候啊！

　　虽然我的坏情绪没有立刻排解掉，但我在安慰他的过程中渐渐找到了自洽的方式。

　　我开始尝试一种全新的缓解情绪的方式：关掉房间里的灯，躺在床上，身体呈"大"字形，放松下来，盯着房顶的荧光星星，听着舒缓的音乐旋律……很久之后，我终于平静地进入梦乡了。

　　那一晚我睡得异常香甜。第二天是个大晴天，拉开卧室的窗帘，当阳光透过窗户照进来的时候，我感觉自己痊愈了。

原来，最终让心灵得到救赎、情绪得到缓解的并不是什么了不起的东西，只是想法的改变而已。

痊愈的那天，我在朋友圈里发了一段话，描述了最近一段时间自己的反常行为，第一次正视自己的状况。一位很久没有联络的朋友在我发了那段话之后主动联系了我，她说自己因为工作压力太大也一度出现过情绪崩溃的状况，所以我的心情她都懂。她劝诫我要适当地放松自己，摆脱坏情绪，并且和我分享了很多调节心情的方法，比如做瑜伽、慢跑、游泳、听一些舒缓的轻音乐等。

所以你看，当你情绪崩溃，以为全世界只有你最不幸的时候，其实世界上还有很多人有着各种各样的苦恼。大家的痛苦虽然不同，但至少你不是孤单的。直面糟糕的境遇并且勇敢地战胜负面情绪，就能够得到真正的幸福。

跳出舒适圈，你将看到生命的无限可能

其实我们并没有那么害怕跳出舒适圈，只是缺少一点儿推动自己改变的原动力。

我的一个朋友在不久前换了份工作，那是她毕业后的第二份工作。

其实早在一年前她就有了换工作的想法，不过由于工作技能单一，她觉得即使换工作也很可能是换到其他同类公司的相同的工作岗位上，与其大费周章地换工作、换领导、换同事、换工作环境，还不如就这样凑合着。她对工作的不满就这样轻易地被压制了。当时，我虽然不赞同她的做法，但却可以理解：与其面对换工作所带来的大量问题与损耗，反

倒是目前稳定的状态更让人觉得可靠。

　　然而，她最终还是离开了，只因她工作出色比别人多涨了几百块工资，曾经天天一起吃午饭的几个同事开始冷落她、排挤她，甚至背后讲她的坏话。当"舒适"变得"不再舒适"，曾经留恋的稳定也变得脆弱无比，再三考虑之后，她递交了辞呈。虽是轻描淡写地一带而过，但其实我知道她在辞职的过程中挣扎了很久，久到甚至可以以"年"来计算。

　　原本我并不能够理解她的纠结点——既然不喜欢自己做的工作，那就趁早离开啊，为什么要拖拖拉拉地耗着呢？

　　直到某天她对我说了这样一番话："你知道我家是有三个孩子的，我父母并不能完全照顾到我们三兄妹，我必须为自己的人生打算。我之所以害怕改变，归根结底是因为害怕失败，害怕失败了没有人给我托底……"

　　她的这番话一下子把我点醒了。这其实更像是我们大部分人的人生常态，不顾一切后果、想做就敢去做的人总是人群中的少部分，纠结、挣扎，迟迟不敢向前踏出第一步才是多数普通人内心的真实写照。

她的故事仍在继续着，讲讲她的近况吧。

换了工作之后，她就职于一家同类型公司，担任总经理助理，同时还接手了一份业务性工作，一人做着两人份的工作，忙碌的同时却也充实。渐渐地，她凭借出色的能力被直属领导重视，在她的争取之下，获得了外派上海的机会。她的人生在自己不断的选择中慢慢改变着，向着更好的方向前进着。

如今的她已经敢于去做出更多的改变，因为她在选择与改变的过程中看见了自己人生更多的可能性。

"跳出舒适圈"是近年大火的一句话，但说起来容易做起来难。试想，如果现实足够美好，我们真的可以付出最少的努力来获得足够多的快乐，那跳出舒适圈好像真的挺难的。可再换个角度想想呢？所谓的"舒适圈"大部分时候只是人们目前眼见和所能想象到的舒适，如果不去打破这种舒适，又怎能看到自己人生更多的可能性呢？山那边究竟是山，是海，还是平原，我们需要亲自去看看才能知道。

生活其实往往就是如此，当你不断扩大自己的能力边界，不断地突破自己，或许就会发现自己其实可以变得更好、更优秀。

没有什么能限制和定义你的人生，除了你自己。其实我们并没有那么害怕跳出舒适圈，只是缺少一点儿推动自己改变的原动力。被逼无奈也好，自主选择也罢，它都需要我们坚定起改变的决心，然后勇敢地向前迈出去。要知道，你的未来就掌握在自己手中，跳出眼前狭小的舒适圈，你将看到生命的无限可能。

NO.3

寻回自己本来的模样，

你会遇见更好的自己

永远不要为了满足他人的期待而活

———

为了赢得他人的喜欢，我们常常委曲求全，去改变自己，去迎合别人，有时甚至会变成自己曾经鄙视的模样。

很多人曾跟我抱怨自己在人际关系方面的困扰。比如，入职一周了还是感觉无法适应新环境，因为同事们都对自己很冷漠；无法和大学舍友和平相处，心情很低落……

我们常常有种"自己被讨厌了"的感觉，如果放任这种感觉滋生，就会犹如猎物被蛛网缠住，直接影响我们的工作和生活，精神状态也会越来越差。我高中时的一位朋友就因此患了抑郁症，最终辍学。

如何维系人际关系似乎成了生活中不容忽视的课题。一些精通人际关系经营之道的人在各种场合的社交中都能做到游刃有余，他们是生活中令很多人羡慕的人。可是你也会发现，身边还常常会有另外一类人，他们不太擅长人际交往，看起来又傻又善良，但他们却以淳朴赢得了周围人很高的评价，很多人也喜欢与他们亲近。所以你看，人际交往真是一门让人摸不透的学问。

说实话，我自认为不是一个很会维系人际关系的人，否则我的发小不会无数次地提醒我做人不能太耿直，我的表哥、表姐们也不会一直提醒我在工作、生活中该多运用一些维系人际关系的技巧。

初入职场时，我牢记亲友们对我的叮嘱，努力让自己变得更有眼力见儿：面对同事临时抛过来的工作，尽管心里很反感，却仍然忙不迭地应和接手；坚持以笑脸对人，尽管对方反应十分冷淡……我小心翼翼地维持着与同事们的关系，做事畏首畏尾，不敢太张扬个性。渐渐地我却发现，不管我怎么改变自己，怎么讨好别人，不喜欢我的人依然会鸡蛋里挑骨头地嫌弃我。当我发觉自己哪怕多刻意地迎合别人也无法博取所有人的喜欢，反而会助长一些人的气焰，使他们更不尊重我时，我看开了，也放下了，于是我不再刻意改变，做回了当初那个有棱有角、有底线的自己。令我诧异的是，当我变得强硬以后，很多曾经不尊重我的人反而开始正视我了，而我也开始过得越来越轻松。

一个人再完美，也很难让所有人都喜欢。为了赢得他人的喜欢，我们常常委曲求全，去改变自己，去迎合别人，有时甚至会变成自己曾经鄙视的模样。其实，与其委屈自己去努力赢取别人不确定的喜欢，倒不如努力做更好的自己去赢得他人的尊重。

我们该相信，如果世间的"喜欢"只是一种情感上的自然流露，那么"讨厌"大部分时候也是一种根本不需要理由的情感。如果你曾有"讨厌某人"的时候，那就要学着接受"自己也会被某人讨厌"的事实。

生活中，谁没有个讨厌的人呢？谁又能赢得所有人的喜欢呢？有那么多人莫名其妙地就被另一个人讨厌了，他们中的大部分人都没有做什么伤天害理的事情，可就是有人会因为个人原因而看他们不顺眼……所以，如果有一天你无缘无故地成了被别人讨厌的对象，那又有什么大惊小怪的呢？如果你因为别人莫名其妙的讨厌就患得患失、拼命迎合，那除了会招来别人更多的厌弃和迷失真正的自己外，你还能得到些什么呢？

有这样一句话："你不是为了满足他人的期待而活，他人也不是为了满足你的期待而活。"所以，在不违背本心，不违背法律和道德原则的基础上，别人讨不讨厌你根本不重要，重要的是你不讨厌这样的自己。

相比强行改变自己去博取他人的好感，让自己感到舒服其实才更加重要。所以，让讨厌你的人讨厌去吧，总有爱你的人会陪着你一路前行！

当你过于卑微，爱情只会对你更残酷

个别人最弱小的时候，就是当他爱一个人爱到
迷失自己的时候。

"一对相恋十年的情侣分手，作为其中一方的好朋友，
你会有什么样的心情？遗憾、难过，还是不知所措？你会不
会因为他们感情的失败而开始畏惧爱情呢？"

以上所有的疑问均来自我的一位读者，她和我同龄，至
今单身。那对恋爱十年后分手的情侣都是她的大学同学。作为
女方的好闺密，她是见证了两个人从相知、相恋，到分手的。

她对我说："他俩是大三在一起的。刚开始，他俩约会
怕尴尬，每次总会捎带上我，我真的是他们感情最重要的见

证者。后来，他们各自考上了心仪的研究生院校，开始了异地恋。我那个时候以为他们应该扛不过异地恋，会分手的，谁想到他们两人都熬了过来。上次我去她家，发现好几十张火车票票根，都是这些年她去看他的证据。那会儿我还打趣她说，这些票根要好好保存着，等两个人老了以后再看会更觉得幸福……他俩真的是我这么多朋友当中最令人羡慕的模范情侣。你说异地恋那么艰难的日子两个人都熬过来了，现在怎么就分手了呢？"

在她断断续续的叙述中，我知道了故事的大概。原来，两人的老家在一座二线城市，两人毕业的时候原本商量着一起回家乡的，结果男方因为接到心仪的公司的录用通知而选择了去深圳发展，女方则回了老家。又过了一年，女方也去了深圳发展，两人这才开始真正地相守在一起。矛盾也是从这时候开始产生的。男方因为工作常常无暇顾及女方，而女方因为受不了这样的冷落开始频繁盘查男方的行踪，矛盾越积越深，最终爆发。

"你说他们异地恋那会儿不也是整天见不着面，偶尔才能聊上几句吗？她怎么突然就受不了了呢？"这位读者最想不通的就是这点。

其实，在这段关系中，女方始终在付出。无论是约定了一同回家乡却被男方临时爽约，还是女方只身前往男方打拼的城市，抑或是女方过度计较男方对自己的关心程度，当她在这段恋情中处于从属地位的时候，她就再也忍受不了男方对自己一丁点儿的不在意，再也无法做到从前的淡然处之。而她这种患得患失、歇斯底里的状态必然会加速感情的破裂。

我忽然想起几年前看过的一部电影——《28岁未成年》，也是讲述了一个女孩的爱情故事。

女主角凉夏当时28岁，已经与男朋友茅亮相恋了10年，凉夏每天都盼望着能早日与自己的挚爱茅亮步入婚姻的殿堂。然而，时年34岁的茅亮正处于事业上升期，每天为公司的事情忙得焦头烂额，根本无暇顾及凉夏的小心思。凉夏有些着急了，为了加快与茅亮结婚的进度，在自己闺密的婚礼上，凉夏当着众人的面向茅亮逼婚了。结果却事与愿违，茅亮不但没能如她所愿，反倒向她提出了分手。被现实狠狠地浇了一盆凉水的凉夏悲伤欲绝。在一次意外中，她的心智重返17岁，然而身体却没有丝毫的变化。

此后，装在28岁大凉夏身体里的17岁的小凉夏偶遇并爱上了一个名为严岩的个性青年，可28岁的大凉夏却依然深爱着茅亮。

面对两段不同的感情，凉夏本来是握有主动权的，可故事发展到后来你便会发现，恋爱中人是真的很容易丧失理智的。

17岁的凉夏觉得严岩不再爱她是因为没有得到她，所以为了挽救爱情，她愿意把自己的一切给他；28岁的凉夏也没有好到哪里去，她舍弃了自己的画家梦想成全对方的事业，被分手后卑微地哀求对方，始终不愿放手，她学会了逼婚、耍赖、哭泣，丢了魂儿似的想要迎合对方，整个人如同一具行尸走肉，生活更是乱作一团。

原来凉夏还是那个凉夏，无论是17岁还是28岁，她一旦陷入爱情就失去自己，惹烦了别人，也刺伤了自己。

无论是影片里的故事，还是我的读者朋友讲述的有关她闺密的故事，我们能从中探寻出的是，个别人最弱小的时候，就是当他爱一个人爱到迷失自己的时候。一些人如凉夏一般，总是甘愿在一段感情中放弃平等的地位，沦落到附属品的位置上。

电影的最后，17岁的小凉夏改变了28岁的大凉夏，大凉夏渐渐找回了那个迷失的自我，她重新拿起了画笔，开了画展。很多人开始认识她、喜欢她，她又开始变得自信而阳光。本来还准备和她分手的茅亮再次被她吸引，重新开始追求她，一切都向着更好的方向发展着……

导演大抵想用这样一个故事告诉人们，在经营一段感情的时候，永远都不要迷失自我。而我想告诉大家的是，先学会爱自己，才能知道如何更好地爱别人；懂得爱自己的人，往往也更容易获得爱；当你过于卑微，爱情只会对你更残酷。

学会与自己相处，余生将远离孤独

———

当空虚、寂寞、孤独以浩大之势掠夺你、压制
你时，友情、亲情，抑或是爱情，的确可以起
到慰藉心灵的作用。然而，总有一天你要一个
人面对这个世界。

我认识的一个女孩，最近满心焦虑地跑来跟我倾诉。

她说，参加工作越久，越觉得孤独。尽管有合租的室
友，也只是点头之交；尽管曾经的好友和她在同一座城市，
也因生活方式的不同而越来越没话可说。就这样，她开始了
叫外卖、吃零食、看网剧的日子，日日如此，周而复始，越
发孤独……她问我："你好像也常常自己一个人待着，不会

觉得无聊吗？"

　　不久前，我的一位教授朋友也问了我一个与此相似的问题："你这么特立独行，不会觉得孤独吗？"

　　我曾看过一部电影《被嫌弃的松子的一生》。电影里的松子就像童话故事中惨遭不幸的灰姑娘一样，有着令人悲悯的身世。一个偶然事件的发生让她的人生失控，进而拉开了她悲惨一生的序幕：与作家同居——见证作家的自杀——做情妇——被情人抛弃——欢场卖笑——杀人——自杀未遂——爱上了救她的理发师——被捕入狱——出狱时，理发师已娶他人为妻——与昔日的学生相爱——被伤害——独自隐居在满是垃圾的公寓中——重新振作起来却被人杀死在河边。

　　松子和灰姑娘一样，都有着坎坷离奇的命运。与灰姑娘不同的是，松子遇到的"王子"们给她带来了一个又一个的不幸。松子也曾顽强乐观，每一次遭受磨难，她都竭力从"我的人生结束了"的悲观状态中走出来，努力拾起对生活的热忱和期待。最后，她的热情终于被耗尽了。她不梳洗打扮，也不清理打扫，被邻居们视为"发臭的怪物"。她也的确成了一个蓬头垢面的怪人：她在噩梦中大叫着跑出房间；在墙上刻下"生而为人，我很抱歉"的话语；夕阳的余晖中，她的身影颓废又丧气，完全没有了当初积极向上的模样。电影的最后，松子终是没有等来期待中的爱情，她只剩下一具没有灵魂的肥胖躯体，在黑暗中与风为伍、与夜为伴。

"生而为人，我很抱歉"，松子究竟对谁感到抱歉呢？我想她最应该感到抱歉的是对她自己。她总是倾其所有去爱人，哪怕最终伤痕累累。她从来没有想过疼爱自己。让松子孤独终老的人，不是那些曾经抛弃、伤害过她的男人们，也不是无情的命运，而是她那无法在独处中学会自洽的内心。她像一只寄生虫，离开了她的精神宿主就无法生存。

可是，人生路那么长，没人能时时刻刻伴我们左右，如果连独处都做不到，我们又怎么过好余生呢？

犹记得之前好友小K跟我抱怨："为什么交了男朋友之后，我还是时常会感觉孤独呢？"

小K原本是不着急找男朋友的，可看着身边的朋友一个个结婚生子，慢慢地她就不淡定了，也就不再排斥周围好友的刻意安排。她现在的男朋友就是经朋友介绍认识的，约出去见过几次面、吃了几顿饭，便顺其自然地在一起了。她说她觉得对方对自己还可以，虽然没有那种特别喜欢的感觉，但在相处过程中也没有那种讨厌的感觉。想着自己在这座城市也没什么熟悉的朋友，她就答应了对方的交往请求。

后来可能是因为太熟悉了吧，两人之间的话题竟然开始逐渐变少，他们在一起时常常因为尴尬而沉默。她问我："我们还没结婚呢，就已经是这个状态了，是不是应该分手啊？"没等我做出回答，她又自顾自地说了起来："但其实我们俩之间也没什么太大的矛盾，而且我觉得他对我也挺好的，我只是……"她顿了一下，想了想才继续跟我说："我只是觉得有点儿孤独，但如果你非要问我原因，我又说不好，就感觉做什么都没有干劲儿。"

为什么呢？这是她的疑问，或许也是很多年轻人共同的疑问。为什么交往了男/女朋友之后依然感觉孤独？为什么明明有了依靠，遇到事情时却还是感觉无依无靠？谁才是那个真正可信服、可托付的人？

以前读书时看到过这样一句话："如果命运是一条孤独的河流，谁会是你灵魂的摆渡人？"和我们的疑问不谋而合，同样是发自灵魂的拷问。

我们都期待自己的生命中可以出现这样的摆渡人，带我们走出孤独与沮丧的日子，带我们乘风破浪，直至梦的彼岸。可就像我认识的这位姑娘所经历的一样，她自认为找到了男朋友即意味着找到了帮助自己摆脱孤独的摆渡人，可现实却是对方根本没有能力将她送往她心中渴盼到达的那个对岸，她依然感觉孤独。

其实，一个成熟的人应该知道：人生最好的摆渡人从来不是别人，而是我们自己。

三毛说："心之何如，有似万丈迷津，遥亘千里，其中并无舟子可以渡人，除了自渡，他人爱莫能助。"

你遇到的挫折与磨难，抑或个人情绪上的高低起伏，外力是没有办法帮助你的，关键在于你究竟是怎么想的。当你有所醒悟了，一切也就达观通透了；你若不愿醒悟，别人再怎么帮助你也无济于事。

就像那个误以为找了男朋友就可以缓解孤独的姑娘，原本以为找个伴儿就能缓解这种情绪，可实际上却依然感觉孤独。正如那句"孤独不是在山上而是在街上，不在一个人里面，而在许多人中间"，我们总是误以为孤独是独处时间太长导致的——一个人吃饭、旅行、看风景，走走停停，没有人同行，所以认为只要多接触外界，有了恋人，多了朋友，就不会再感觉孤独了，可现实却往往并非如此。精神世界充盈的人哪怕身居深山也不会觉得孤独；而时常感到孤独的人，哪怕别人牵着他的手，他亦感觉不到温度。

人生很长，也许撞不见兵荒马乱，但依然会有诸多的不如意时不时地扰乱你的心房。年少时为学业烦恼，稍微年长之后会为情所困，之后还会面临工作、结婚、生子、疾病、家庭变故等诸多事情。每个人都走在看似相似的道路上，可只有那些懂得自洽与自渡的人，才会活得更加自在。

事实就是这样，当空虚、寂寞、孤独以浩大之势掠夺你、压制你时，友情、亲情，抑或是爱情，的确可以起到慰藉心灵的作用。然而，总有一天你要一个人面对这个世界。世上最难的相处，其实是和自己的相处。在面对最为真实的自己的时候，更好地认识并接纳它，是解决孤独的根本所在。

　　人生漫漫，我们终要学会独自走自己的路。只有学会与自己相处，余生才会远离孤独。

用孩子的眼光看世界，你会遇见简单明了的幸福

——

我常常在想，如果我们可以保有初心，用孩子的眼光来看待这个世界，那么世界会不会更加美好？

去年参加的一场婚礼，我至今印象深刻。

婚礼的前一晚，我和几个同学提前到新娘家报到。晚上，她们几个人跑下楼去打麻将，留下不会打的我、新娘上小学的侄女以及新娘刚上高中的妹妹三人在楼上留守。

当时电视上正在播《新大头儿子和小头爸爸》，我们三个人便很安静地坐在床上看。当我发觉这部动画片中多了一个我不认识的小女孩儿时，便出声发问："那个小女孩儿是大头儿子的妹妹吗？"新娘的侄女一下子来了兴趣，一口气

讲了一大串话，为的就是和我说明那个女孩只是这部动画片中偶尔出现的一个人物，并不是大头儿子的妹妹。

原本略显沉闷的气氛一下活跃了起来，小侄女甚至还跑去角落里掏出了一大袋零食。不多时，我手里就多了两块糖、一片薯片，甚至还有一根辣条……就因为一部动画片，出生于不同年代的两个人竟莫名地亲近了起来。

我看着手里的糖、辣条和薯片，傻呵呵地笑了。这感觉真好，甚至让我回想起了儿时的秋千与窗外的蝉鸣——简单、纯真，没有烦恼。

每个成年人的内心都住着一个没长大的孩子，只是很多时候我们不想承认罢了。

就像有位哲人说的："成人是什么？一个被年龄吹涨的孩子。"

可相对于想哭就哭、想笑就笑的孩子，成人多是喜怒不形于色。在现代社会，成年人需要隐忍的事情越来越多。一些成年人装得成熟又稳重，实则内心却很难与外在年龄同步——他们只是装出一副世事洞明的样子而已。一位心理咨询师曾说："绝大多数成年人都是'巨婴'。"是的，很多时候，我们并非外表看起来那般成熟。

贝娅特丽丝在《亲爱的小孩》一书中写道："一粒小石子掉进水里，小孩会哭；洗发水弄疼了眼睛，小孩会哭；困了，或者天黑了，小孩也会哭。他们号啕大哭，想让大人听到自己的哭声。你需要用温柔的目光来安慰他们，并且在床头柜上放一盏小小的夜灯。大人却相反，他们喜欢在黑暗的地方睡觉。他们几乎从来不哭，即使洗发水流进鼻子里也不哭。假如真的哭了，也只是轻轻啜泣……"

有没有发现，近些年六一儿童节也成了众多成人重视且愿意庆祝的节日。我们所渴望的儿时的天真与美好，在这一天终于能尽情表达出来。现实逼迫我们快速成长、成熟，但我们总渴望能有一个可以让我们的心灵栖息的地方。儿童节，它让我们想起童年时妈妈的臂弯、爸爸的肩膀，回想起原来我们也曾有过孩子的待遇，我们可以光明正大地索要礼物，开心时可以大笑，不开心时也可以痛哭吵闹。那一天，那么美好；那一天，令人怀念。

我常常在想，如果我们可以保有初心，用孩子的眼光来看待这个世界，那么世界会不会更加美好？

《哈尔的移动城堡》中，漂亮的姑娘索菲因为得罪了女巫，从18岁的少女变成了一个满脸褶皱、白发苍苍的老太婆。即使这样，她的内心仍然保持着小女孩儿的天真和烂漫。和年龄无关，和外貌无关，只和童心有关。这样的人，每天都在过"儿童节"。

前些天我翻看自己的微信朋友圈，发现了很多有趣的照片。那时的自己怎么那么有意思呢？我心生感慨又略感陌生，曾经的自己竟是这样的啊！距离上一次做手工有多久了？距离上一次烹饪小甜点又有多久了？时间这东西，不仅是良药，还是遗忘剂，它甚至都会让你忘了你自己。

电影《南极大冒险》中有一个情节令我印象深刻。

一位科学家在南极进行科研探索时掉进了冰窟窿里，险些丧命，是八只雪橇犬奋不顾身地救了他。特大暴雪即将到来，科学考察站的人准备坐直升机全部撤离，可因直升机载重有限，那八只雪橇犬暂时被留在了南极。八只雪橇犬的主人，也就是男主人公，在治疗完冻伤的手指后决定履行承诺，寻找飞机飞回南极营救雪橇犬。可因南极气候环境恶劣，短期内没有人愿意再回去。走投无路之下，男主人公找到了曾被雪橇犬救过命的科学家，想让他帮忙。可科学家对他说，自己能力有限，并郑重地劝他尽早放弃这个想法。男主人公没有放弃，他决定独自搭船去南极。

后来，那位科学家无意间看到了儿子画的一幅画，画上是八只雪橇犬，旁边写着："My Hero Is...THE DOGS WHO SAVED MY DADDY（我的英雄是……救我爸爸的狗狗）"。科学家看后受到了很大的触动，他决定帮助男主人公去南极。

第一次，面对男主人公的求助，科学家拒绝帮助；第二次，儿子纯真的感恩之心唤醒了他的良知，他学会了知恩图报。

我们常常给自己定下很多目标，这些目标是我们通往自认为的"幸福"的必经之路。我们披荆斩棘，从遍体鳞伤到身披铠甲，渐渐地，我们以为自己已经刀枪不入。然而，可能只是一声乳名的呼唤，甚至可能只是一块糖、一块橡皮擦，我们都可能丢盔弃甲，心瞬间柔软如泥。

　　我们一路寻寻觅觅的究竟是什么呢？不过是曾经被自己一件件丢弃的东西。生活就像一个圆，从起点走向终点，又从终点重回起点。我们一路兜兜转转，一切似乎都没变，一切却又都变了。

　　如果可以，希望你记得自己仍是个大孩子。希望你在做选择的时候，有辨别是非的能力，不只看利弊，而是更注重事情本身的对错；希望你在羞于推脱的时候，勇敢地说出"不可以"，因为拒绝是你的权利；希望你可以不那么匆忙，偶尔停下脚步，看朝日夕阳。

　　成年人的世界，忙碌中夹杂着烦恼，幸福好像没那么简单明了。然而，我知道你心里一直住着一个还没长大的孩子，你亦相信这世间的美好。"长大"二字孤独得连部首都是自身，单枪匹马闯世界的我们不知不觉就成了那个违心地笑着、静静地拭去泪水的成年人。年纪越大越明白，赤子之心对于一个在社会中不停地摸爬滚打的成年人来说，究竟有多重要。

　　希望你能永远记得，自己内心住着个纯真的孩子；希望你在人生之路上能寻得初心，邂逅简单明了的幸福。

看过世间繁华，更能体会平凡的伟大

——

可随着旅行次数的增多，新鲜感被不断冲淡。慢慢地，你会发现，其实旅行对于我们来说，不仅在于让我们见识了世界，更在于让我们在这个过程中真正地认识了自己。

我的好朋友要被公司外调到上海，我担忧地说："你可千万别被大都市的繁华迷住了眼睛，要记得回来啊！"我多怕她以后选择留在上海，那意味着我在大连这座城市所剩无几的小伙伴又少了一位。她听了我的话，笑了笑："放心，我去过那么多地方，知道自己想要什么。"

这句话让我的心猛地一震，我开始认认真真、仔仔细细地回想我经历过的一次又一次的旅行。从最初的兴奋到后来的平静，从用一张张照片去记录到后来仅仅用心去感受，是什么让我有了如此改变？我又在旅途中收获了什么呢？

当我不断地见识世界之后，才真正明白：远方的风景之所以分外美丽，是因为人们赋予了它特殊的含义。我们习惯在旅途中放大自身的感受，那些常常在你身边上演却又被你忽略了的小事情，在旅途却可以轻易地走进你的视线、融进你的内心。我们常常以为自己是被当地的风土人情打动了，实际上却是我们在陌生的人与陌生的风景之中，打开了内心，寻回了自我。

《平凡之路》中唱道："我曾经跨过山和大海，也穿过人山人海；我曾经拥有着的一切，转眼都飘散如烟；我曾经失落失望，失掉所有方向，直到看见平凡才是唯一的答案……"

我们在不断前行的路上总是走着走着便迷失了方向，我们极度想要逃离周遭的一切，想要逃离这熟悉的平凡，想要在陌生的土地上寻找答案。可随着旅行次数的增多，新鲜感被不断冲淡。慢慢地，你会发现，其实旅行对于我们来说，不仅在于让我们见识了世界，更在于让我们在这个过程中真正地认识了自己。正如我的朋友所说，唯有看遍了世间繁华，才能懂得平凡的伟大。

所以，如果可以，我建议你趁年轻多出去走走！没见识世界的时候会不自觉地给它赋予很多伟大的含义，见识了世界之后才会明白平凡生活才是真。人生兜兜转转，老来仿佛又回到了原点，可走过这么一遭，我们对自己、对生活却有了更深刻的认识。

曾有一张照片让我深受感动。那是一对老夫妇面对镜头微笑的照片，取材自一部纪录片——《人生果实》。它讲述了英子奶奶和修一爷爷的暮年生活。在这部纪录片里，你看不到吵架斗嘴的画面，只能看到一对相爱的老夫妇的日常生活，可那朴素的画面却足够震撼人心。一屋、二人、三餐、四季，那是我能够想到的平凡，同样也是我所期待的浪漫。当这简单平凡的生活浓缩到一部影片中，我们便能轻易地感受到其间的温暖。深藏于时间长河中的真正的瑰宝或许正是这普通平凡的每一日，只不过需要我们慢慢地发现，细细地品味……

　　我记得纪录片中多次出现这样一句画外音："风吹枯叶落，落叶生肥土，肥土丰香果，孜孜不倦，不紧不慢……"我想，生活亦是如此。

敞开心扉，才是爱情开始的前提

———

很多时候，我们表面上看起来并未拒绝发展爱
情的可能性，可内心其实从未真正地敞开过。

有个朋友不久前认识了一个男孩儿，两人互相加了微信
好友，男孩儿很直白地向她表示了好感，朋友对他印象也不
错，于是两人开始了互道"早安""晚安"的暧昧阶段。这
一状态持续了一个多月的时间，男孩儿向她提出了正式交往
的请求，她却突然胆怯了，明明有那么点喜欢对方，也很享
受两个人相处时的感觉，可一旦到了深度交往的阶段，她却
不敢再往前迈进一步了。她模糊不清的态度令男孩儿很失
望。不久之后，她听说了男孩儿交了女朋友的事情……朋友

觉得很失落，她问我："他到底是不是真心喜欢过我啊？为什么那么快就交到了女朋友？我是不是也喜欢上他了？否则我为什么会这么难过？"

我跟她解释，两个人通过频繁互动建立起初步的社交关系，这种关系会因长期的沟通而不可避免地产生时间上的付出。在这种情况下，一方突然抽离，不明就里的另一方很可能将自己突然被冷落时产生的空虚和不适误认为是对对方产生了倾慕之情。虽有这样的感受，可当事人究竟对对方有着怎样的感情，却是局外人难以评判的。

再说回到我这个朋友。男孩儿告白失败后就从朋友的世界中消失了，他再也没有回头找过我这个朋友。朋友跟我抱怨他轻浮："他这人怎么这样啊，怎么可以那么轻易地就说出'喜欢'，又那么轻易地选择放弃呢？"

关于这个问题，我倒是可以多说一点儿，因为我身边刚好有一个跟她遇到的男孩儿类似的朋友小陈。我见证过好几次小陈在告白失败之后迅速开始寻觅下一段感情的经历。据我对他的了解，他并不是那种举止轻浮、满肚子花花肠子的浪荡子，因为他认真对待每一段感情，是真的做到了"全情投入"……那么问题究竟出在哪里呢？其实很简单，有些人在收到被拒绝的信号后，就会及时收回自己的心意，然后整理心绪重新出发，继续寻找属于自己的幸福。说到底，终究没有多少人会甘愿无限期地守候一份不确定的情感。

究竟什么是"喜欢"呢？20岁时的我可能会说："喜欢是一种肾上腺素飙升导致的脸红心跳，见到他的那一刻你就知道，你喜欢他。"可随着年龄渐长，我越来越搞不懂究竟怎样才算是真正的"喜欢一个人"。可能因为小时候"王子与公主"的爱情童话故事看多了，我一直对爱情充满着梦幻般的遐想，渴望过上小说中那种"一生一世一双人，半醉半醒半浮生"的浪漫日子。那时候对爱情很较真儿，一定要挑一个可以跟我过一辈子的人再谈恋爱。然而，当我在挑挑拣拣中错过了青春，一直挑到28岁都没能找到良人的时候，同窗好友都已经谈婚论嫁甚至为人父母了。时间褪去了我的青涩拘谨，却也打磨掉了我的脸红心动，我很少再对男生心动，即使遇到了有些微好感的男生，我也莫名地不敢恋爱，只想逃离。

　　我明明对爱情那么渴望，但其实又从未真正地敞开过心扉，内心充满了矛盾。直到某天，我和认识许久的男孩聊天，他无意间透露出曾经喜欢过我的信息，那瞬间狂喜却又失落的感觉一下子将我淹没了，因为我们早已不再年少。那一次终于鼓足勇气问他："既然喜欢，为什么当初不告诉我？"他说："因为害怕。你总是表现出一副生人勿近的样子，我感觉你应该不喜欢我吧。我担心说出来会使大家连朋友都没法做了。"忘了自己究竟用什么样的玩笑话搪塞了过去，但心中的那种苦涩感至今仍旧记得，内心涌起的异样情愫也在那一刻尘埃落定，这注定只是个有缘无分的故事。我差点儿就拥有了属于自己的浪漫故事，可惜我没能把握住那个瞬间。那时我只顾着深藏心事，却不知道敞开心扉才能有开始的可能。

　　其实，身边像我一样的人还有很多。

　　前些天我和小 B 坐在一起吃饭，谈论的话题就那么几个：美妆、影视，以及男朋友。我问她："怎么样，最近家里给你安排相亲没？"

　　她倒是一脸淡定，甚至连表情都没有变一下，就那样懒洋洋地回道："相亲啊，这可是我们家现在的头等大事，每个月要计入我的'KPI考核'中的。"听说去年她相亲十几次，最后都不了了之了。我被她的话逗笑了，继续追问："相亲那么多次，真就没一个能入得了你的法眼？"她看了我一眼，撇撇嘴，同时摇了摇头："难，太难了。""到底是哪里出了问题啊？"她叹了口气，眼珠转了转，似乎在思考，然后再一次摇摇头："也没什么，说不好。该怎么形容呢？就是没眼缘吧。"她停顿了一下，突然微微提高了一点儿音量："我每次都觉得他们人还不错，可是一想到真的生活在一起的画面，又觉得接受不了。你说我是不是不正常啊？"

　　我大概理解了她的意思，反问她："就是说，没那种心动的感觉呗？"她用力地点头："对对对，就是这样，我已经好久都没有体会过那种怦然心动的感觉了。每次约会，无论身体还是心理，真的是毫无波澜。""那你是认为，只有心动了才是爱情吗？"这一次她不再回答了。

　　这好像不是小B一个人的困惑，而是当下很多年轻人的困惑。我们多么渴望和另一个人相知相惜啊，明明一直在寻找的路上，可寻得良人（令人心动的人）怎么就这么难呢？你有多久没有体会过那种脸红心跳、爱上一个人的感觉了？你是否也开始怀疑自己已经丧失了爱人的能力？

很多时候，我们表面上看起来并未拒绝发展爱情的可能性，可内心其实从未真正地敞开过。正如从不排斥相亲的小B，她每次都只是站在爱情的门后，透过猫眼向外看看，第一眼没有被惊艳到，便在心底种下了一颗不会发芽的爱情种子。她从未试图打开心门让另外一个人走进她的内心，于是，她的一次次相亲只能无疾而终。

主观意识上选择不去爱，是大部分单身朋友不能"脱单"的关键因素，只是绝大多数人并没有意识到而已。心理上的初步接纳才是一切有可能发展下去的前提。只有当我们时刻保有爱人的能力，努力尝试敞开心扉，我们才有机会收获理想中的爱情。

无论时代怎么变迁，有关"爱"的话题是永远不会消亡的。在我们人类个体可存活的短短数十年中，"爱"作为我们生命的权利，应该被好好珍惜。

在《爱的艺术》一书中，艾·弗洛姆提道："如果不努力发展自己的全部人格并以此达到一种创造倾向性，那么每种爱的试图都会失败；如果没有爱他人的能力，如果不能真正谦恭地、勇敢地、真诚地和有纪律地爱他人，那么人们在自己的爱情生活中也永远得不到满足。"这就是爱的艺术与哲学。人们如此渴望被爱，也在不断地寻找爱，可却常常陷入迷茫和悲观的情绪中。在天马行空的想象中，那些心中不确定的想法很容易变成洪水猛兽，干扰你的判断，干扰你的选择。与其一味地恐惧、担忧，不妨试着敞开心房，试着接纳一个人。

我曾在大学校园里看到一对小情侣。地上的蒲公英盛开了，女孩儿舍不得将其折断，两个人便蹲下身子一起吹它——特别幼稚的举动，他们却笑得那么纯粹。我想这就是爱情本该有的样子吧！

年纪越来越大，却越来越不知道什么是喜欢？那就别再等待，大胆地敞开心扉，愿你永远拥有爱人的能力。

好好爱自己，是对过往创伤最好的反击

"这世界上有一种英雄主义，就是认清生活的真
相后，仍然热爱它。"原生家庭的影响将伴随人
的一生，对于不可逆的过往，爱自己便成了我
们面对崭新人生首先需要攻克的难题。

第一次看到室友发脾气，是在我们合租的第三年。让她
如此大发雷霆甚至口不择言的不是别人，正是她的父母。

"两个人的岁数加起来都上百岁了，还有什么可吵
的？""不想在一起过了，那就离婚啊，吵完还要继续在一
起过日子，还这样没完没了地吵个不停，有意思吗？"……

我完全能够理解室友的心情，因为我也是在父母的争吵

声中长大的。我爸和我妈能吵到什么地步呢？毫不夸张地说，因为他们，家里每年都要新买一批餐具，餐桌上吵架、掀桌子的画面成了我童年记忆中最深的阴影。小时候我也尝试过很多办法去阻止他们之间的争吵，比如哭、装病、发脾气……初次尝试还能有点儿用，后来却常常被一句"大人之间的事情小孩子不要插手"噎住。他们继续争吵，我便待在自己的屋子里将电视机的音量开到最大，直至淹没掉那些恼人的叫骂声。

室友依然在发脾气，不知到底是对着空气还是对着听筒，只知道她又吼了许久，最让我印象深刻的一句话是："过不下去倒是离啊！什么叫作还不是为了我，要真是为了我，你们就别这么天天吵下去，赶紧离婚，好聚好散！"她怒吼的话语正是我小时候在心里模拟过无数次的台词，一模一样。

我不知道有多少家庭也是这样，父母并不相爱或者只是曾经相爱，再或者总是习惯用争吵来解决问题。争吵的初衷不重要，事实是孩子是在父母的争吵中成长起来的。这样的孩子往往敏感又脆弱，他们时常被自己的父母安上"我不离婚还不都是为了你"的罪名。这类父母将不离婚的原因残忍又直接地转嫁到了孩子的身上，以致这些孩子即使长大了也带着深深的负罪感和对婚姻的恐慌感。

不得不承认，有些家长并不是"合格"的家长，他们可能真的给了孩子们很多很多的爱，却一直只是以他们自己认为的合适的方式付出着。

我们不需要父母为了给孩子一个完整的家庭而委曲求全地凑合余生，无论父母在不在一起，只要还有亲情就已足够。比起勉强保持的家庭表面上的完整，我们更想要的是彼此的幸福。这才是在争吵中长大的孩子们的心声啊！

有些人的童年阴影来自父母之间的"不相爱"，还有一些人的童年阴影则源自父母对自己的"不够爱"。

有天午休的时候，和几个同事凑在一起商量着买化妆镜。一个男同事说要买两个，一个送给媳妇，另外一个送给姐姐，我们这才得知原来他是有姐姐的。邻座的女同事一阵感慨："为什么我弟弟除了抢我的零食外，从来就没对我上过心呢！我爸妈重男轻女，从来不关心我，我要是再多个姐姐就好了，至少还有姐姐可以疼我。"

听到女同事这样说，我不由得想起了《请回答1988》里的成德善说："这一天也没有什么特别的，因为二女儿的悲哀一直是存在的。就像这个世界上所有的老二一样，姐姐因为她是姐姐，弟弟因为他是弟弟，所以都得谦让着。但我以为我如此崇高的牺牲精神，爸爸妈妈是知道的。原来不是。有可能，家人们最不清楚……"尽管如此，德善却还是足够幸运的，因为她的爸爸至少在后来了解到她的心事。爸爸对她说："爸爸妈妈对不住你，因为我们真的不知道。对老大，要好好教导；对老二，要好好关心；对老三，要教他好好做人。爸爸也不是一生下来就是爸爸，爸爸也是头一次当爸爸，所以，我们的女儿稍微体谅一下可以吗？"这一幕触动了所有人的心，因为它太真实。

《天才少女》里，玛丽自出生起就没见过自己的爸爸，她一直以为是爸爸离得太远才没空来看她。当她得知爸爸其实离她很近时，她边落泪边对舅舅说："如果我是爸爸，有个女儿从未见过，而且住在同一个城市，我肯定会去看她。

他根本不需要问路，跟着你来就行了。他甚至不想看到我的样子……"

玛丽的舅舅完全不知道该如何安慰这个年龄只有7岁，思想却异常早熟的孩子，思来想去，他决定带她到附近的医院看看。他们坐在分娩室的门口，女孩不解，舅舅却让她耐心地等待。不知过了多久，分娩室里响起了一声啼哭，孩子的家人们瞬间拥到了分娩室门口。医生走出分娩室，告知新生命降临，孩子的家人们高兴得手舞足蹈，互相拥抱。舅舅看向玛丽，对她说："你出生时就是这样的情景。"玛丽的脸上终于绽放出大大的笑容，她开心地和舅舅商量道："我们再等着看看下一个吧！"

心里很苦的人，只要一丝甜就能满足。

世上有一些人，终其一生都没有得到过家人的关注，也没有人告诉他们"爸爸妈妈也曾因你的出生而欢喜过"。"我可以获得幸福吗？""我可以相信爱吗？""我真的值得被爱吗？""他以后会不会离开我？"他们既没有爱人的经验，也没有被爱的自信，童年的阴影在他们的人生中长久地挥之不去。很多人根本无法用心去正视自己的过去，他们囿于过往沉痛的经历无法自拔，始终找不到一个可以重视自己的理由。那么，对于在原生家庭中遭受的创伤，我们就完全束手无策吗？关于这个问题，我思索良久。

"这世界上有一种英雄主义，就是认清生活的真相后，仍然热爱它。"原生家庭的影响将伴随人的一生，对于不可逆的过往，爱自己便成了我们面对崭新人生首先需要攻克的难题。

如何爱自己？我有这样几点建议。首先需要做的，就是接纳自己，接纳自己的一切，包括不完美的过去。有疤的地方就让它自然愈合吧，哪怕会留下丑陋的疤痕，那也比反复地去扯动和撕裂它来得舒服。好好爱自己，不惧怕成长中所遇到的那些伤，才是真正的爱自己的开端。

就像歌曲《我》中唱的那样："我就是我，是颜色不一样的烟火。天空海阔，要做最坚强的泡沫。我喜欢我，让蔷薇开出一种结果。孤独的沙漠里，一样盛放的赤裸裸。"

没有谁的人生是完美的，接纳过去，接纳那个不完美的自己，坚定勇敢地走下去。如果过去是谷底，那么现在你踏出的每一步都是在奔向高地。

爱自己，其次就是要倾听自己内心的声音，不被他人左右。

你也拥有追求幸福的权利，你不必因为家庭的缘故而过度苛责自己。你要相信自己也可以拥有美满的家庭、幸福的生活。想成为一个幸福的人，就通过努力去成为一个幸福的人。懂得倾听自己心底的诉求，敢于想也敢于去实践，去选择自己的人生。

一辈子很短，不一定非要活成他人所期待的样子，活成自己喜欢的模样已足够。

如果有人告诉你，你必须拥有什么才能被爱，记得反驳他。每个人都是世界上独一无二的存在，你也不例外。

爱自己，再则是要寻找到自己活着的意义。

有人喜欢拼搏，通过努力奋进获得成就感；有人喜欢享受，通过周游各国获得快乐；有人喜欢奉献，通过燃烧自我发光发热……他们的相同点就在于知道自己活着的意义，这样的人绝不会辜负生命赐予他们的每个清晨。

张嘉佳在《从你的全世界路过》中这样写道："我们喜欢计算，又算不清楚，那就不要算了。而有条路一定是对的，那就是努力变好。好好工作，好好生活，好好做自己，然后面对整片海洋的时候，你就可以创造一个完全属于自己的世界。"是啊，从现在起，好好生活，好好爱自己，做自己今后人生的太阳。

NO.4

如果拼尽全力也成不了『大神』，那就做个很棒的普通人

你需要的是努力，而不是急功近利

———

很多人都艳羡别人的成功。当看到别人取得成绩的时候，他们最先想到的不是该如何凭借自身努力追赶上别人，而是臆想成功的捷径。

微信新通过一个好友申请，是个不认识的家伙。

不久，微信提示音响起。先是一句不痛不痒的问候，再是一句恭维的话，第三句便直奔主题："我也想出版一本书，但是不清楚出书的套路，你可以教教我吗？""套路"二字让我觉得很不适，可出于礼貌，我还是耐心地回复他："我不懂什么出书的套路，就是一直在坚持写文章而已，能出书也是碰巧我写的文章被编辑看到了而已。"对话便止于此，我没有给出他想要的答案，他自然也就没有再和我深聊下去的必要。

　　他不是第一个问我这种问题的人，肯定也不会是最后一个。

　　很多年前，我因工作关系约见过一位出版社的编辑，我当时也问过他一个如今想来非常天真的问题。我问他："在'流量为王'的时代，畅销书排行榜都被那些自带流量的作家的书长期占据着，像我这样毫无粉丝基础的'小透明'，还有逆袭的可能吗？"

　　他当时很认真地跟我说："你想知道你的书是否能畅销，前提就是你要先出版一本书，出版一本书的前提是你得先写完一本书，而写完一本书的前提是你得坚持写文章。归根结底，你首先得坚持写作。"

　　听了他的话，我豁然开朗。从那天起，我便很少再研究图书热卖榜单，而是开始一心一意地"码字"，全身心地投入到写作中。

　　我还在写网络小说那会儿，在作者交流群里认识过一个离异并独自带孩子的姐姐。因孩子尚小，需要人照顾，她没办法出去找全职工作。为了赚钱，她便开始写网络小说。和我这种单纯的爱好写作的人不同，"码字"只是帮助她和孩子生存下去的方式。作为一名在当时没有任何名气的网络写手，她唯一可以保证的收入只有网站每个月的全勤奖励。为了这份收入，她每天都要写一万字以上——无论发生何种意外。

那时候我们常常组团一起"码字"，即在固定的时间在群里公布自己当天所写的字数，而这位姐姐永远都是我们中的第一名。

时隔多年，曾经一起写作的"战友们"早已断了联系，那个曾经特别热闹的写作交流群也和其他不再亮起的QQ头像一起被尘封在了记忆里。很多人早已放弃了写作，回归到"上班族"的生活中去。他们或许早已组建家庭，过上了幸福美满的生活；或许在别的领域中找到了属于自己的天地。而就在前段时间，我利用在咖啡厅"码字"的间隙随便逛了逛某文学网站，网站首页上一个作者的笔名吸引了我，正是那个姐姐！详情页显示，那本书已经更新到了八百多万字，排名很好。想起曾经共同奋斗的那些时光，我打心底为她高兴。所谓"守得云开见月明"，大抵就是这样吧！

很多人都艳羡别人的成功。当看到别人取得成绩的时候，他们最先想到的不是该如何凭借自身努力追赶上别人，而是臆想成功的捷径。可成功真的有捷径吗？

我去翻看了那个声称要出书的人的微信朋友圈，在他的朋友圈里，除了几篇转发的文章外，我看不到丝毫他自己的观点。倘若是一个真正热爱写作的人，他的爱好在他的生活中应该是有迹可循的，可是他没有。

想起了多年前看过的一个笑话。有个人天天跪在神像面前，乞求神仙让他买的彩票中大奖。在他的虔诚祈祷之下，神仙终于显灵了。可神仙只对他说了一句话："年轻人，你口口声声说希望你的彩票中大奖，你倒是先去买张彩票啊！"

很多时候，我们就是那个渴望彩票中大奖却压根没买过彩票的人。总觉得自己之所以不成功，是因为缺少一点点的运气，或是不懂成功的套路。可事实真的如此吗？

前几年我接触过不少创业者，他们的名片上都标有"创始人""CEO"等字样，一开口讲话就是"商业模式""商业逻辑""盈利模式"等，听起来特别厉害。然而，听多了你就会发现，他们激情澎湃地讲的那些话大都天马行空、不切实际。时隔几年，那些人中还在坚持的所剩无几：一部分人在创业途中失败了，从此一蹶不振；一部分人只不过是空想了一场，他们还没开始创业就选择了放弃，理由是"没人脉""没资源""没资金"，一想到创业需要克服这么多困难，干脆不开始了。

每一个领域都有那么几个做得出色的佼佼者。探究他们过往的经历，不难发现，他们最后取得的成绩与他们在此之前所付出的坚持与努力绝对是成正比的。

如果我们可以撇下浮躁，静下心来，少一些急功近利，多一些踏实努力，或许能早日收获我们想要的精彩。

离别时，别忘记再回头看一眼

——

> 我们总是拼命地往前赶，家人则默默地在后面
> 追，只为多看一眼我们的身影。但因为我们的
> 目光一直向前，所以我们看不到他们蹒跚的脚
> 步，亦看不到他们失落的眼神。

中元节一过，路旁的叶子就开始零星地泛黄。即将迎来金秋九月，附近理工大学的大一新生已经陆陆续续地赶来报到。

新生们脸上洋溢着对大学生活的期待以及对这座城市的好奇，看起来既不怯场，也不恋家，显得比我初入大学时独立、坚强得多。时代虽然一直在变，但大人们对离家求学的

孩子的牵挂却从未变过。

肯德基餐厅里，一家三口准备用餐。女人从落座的那一刻起便喋喋不休地嘱咐起来："等室友来了记得把我们带的牛肉干分给大家。""没钱了就和你爸说，绝对不要借那些乱七八糟的网贷。""可以交女朋友，但是不可以耽误学习。""记得每天晚上洗内裤……"或许是感觉大庭广众之下被这样唠叨很难堪，男孩终于不耐烦地喊了声："妈！"带着脾气的一声"妈"，让女人的声音戛然而止。

点好餐的男人端着装满食物的托盘走了回来，刚一放下，女人便迅速抓起一个汉堡，熟练地将纸质包装打开，再平整地折叠成便于手握的形状，然后递到男孩手中。看到男孩低头咬了一大口汉堡，女人满足地笑了笑，可她的手依然没闲着，她快速地将鸡米花倒入汉堡盒里以便拿取，挤出番茄酱，给可乐杯插上吸管，再将所有的吃食一一摆到男孩面前。做完这些，她终于停下手里的动作，可嘱咐声再一次响起："晚上别总是熬夜，要早睡早起，记得早上一定要吃早餐……"

　　男孩不耐烦地放下汉堡，拿过一个鸡肉卷递到女人手里："快，你也吃点儿。"女人哑然，表情落寞，继而开始落泪。

　　还是男人先发现了她的变化，立即拿过一旁的餐巾纸递给她："好好的，你这是干什么……""我就是舍不得儿子离开我嘛！"男人闻言，表情也变了变，随后却清了清嗓子，提高了音量："孩子长大了就得离开家，留在父母身边能做什么？再说了，他一个大小伙子，不出来闯闯怎么行？现在还只是上个学，以后要经历的事情还多着呢！"男孩的表情也柔和起来，嬉皮笑脸地拿了根沾了番茄酱的薯条递到女人的面前："我爸说得对，我一个大小伙子，有什么可担心的，您就放心吧！来，张嘴，吃根薯条……"

　　……

　　一家三口吃完东西便很快离开了，透过肯德基餐厅擦得锃亮的玻璃门可以看到他们在外面道别的场景。女人拥抱了一下男孩，嘴巴张张合合，一定又在嘱咐着什么；男人只是笑着，在快分别的时候才用力拍了拍男孩的肩膀，说了句话。男孩先一步摆手离开了，他的父母却在原地站了很久。女人靠着男人的肩膀，不停地抬手擦拭眼角，似乎又哭了。他们就像那"望子石"一般，在原地站立了很久。而那个男孩呢？他一次都没有回头，他就那样带着满心的欢喜走向了他崭新的人生。

　　眼前的这一幕让我的心脏抽痛了许久。亲爱的男孩，也许很多年之后你才会明白，和家人分别的时候，再回头看一眼究竟有多重要。

　　我们总是拼命地往前赶，家人则默默地在后面追，只为多看一眼我们的身影。但因为我们的目光一直向前，所以我们看不到他们蹒跚的脚步，亦看不到他们失落的眼神。如果可以，下次分别的时候记得回头看看，你会在他们目送你离去的眼神里看到爱，看到关怀，看到浓浓的牵挂。

　　多年前爸妈送我上学的那一幕又闯入了我的脑海。那时候爸妈还是40岁刚出头的年纪，他们开车将我送到大连。隐约记得当年妈妈在宿舍帮我铺床的时候也嘱咐了很多——虽然如今我一句都不记得了。印象最深的还是他们开车离开的那一幕，那是我人生中第一次目送他们从我的生活中离去，我用力地挥手，用力地控制眼泪，用力地保持微笑，看着车子在我视线里由近及远，再变成一个小小的圆点。当目光再也追逐不到车子的身影的时候，我的眼泪终于控制不住地流了下来。

如果你不曾体验过目送一个人的心情，那么你就很难理解父母的爱。生命的旅途在一天天做减法，陪伴也显得弥足珍贵。当我们离开家时，留给亲人的，便是由大而小的背影。

工作以后，我回家的次数越来越少了。有一次抽空回老家看望奶奶，三个月不见，她似乎又老了一些，走路时腰愈加弯了。因为看到我太开心，她拉着我的手说了很多话。由于休息时间太短，我只能坐一会儿就匆匆离开。下楼后，我不经意地回头望了一眼，只见奶奶站在十楼的窗口处，不停地冲我摆手。

我朝着奶奶的方向摆摆手，示意她回去，转过身继续往外走。经过了小区的石台，经过了小区的运动器材区域，我又回头望了一眼，奶奶还站在那里。见我回头，她又一次向我摆手。

这样的动作反复了三五次。每次只要我站定回头，奶奶都会向我摆手，从单元门到小区门口的那几十米，承载着奶奶对我浓浓的牵挂。

她舍不得我离开，但是她也不愿强行挽留让我为难，她所有的不舍都在那摇晃的手臂里。透过斑驳的树影，那个头发花白的老太太成了一个模糊的身影。我推开小区的铁门，这一次没有再回头，但我知道，她依然站在那里，站在我的身后，目送着我。

网上曾流行过在一张A4纸上描绘整个人生的长度。按照人的平均寿命是75岁来计算，在A4纸上画一个"30×30"的表格，这纸上所展示的900个方格就代表这一生短短的900个月。假设你的父母如今50岁，你们可以天天见面，你能陪伴他们的时间还剩300个方块，也就是300个月；假设你们1个月只能见2次面（1次1天），你能陪伴他们的时间就还剩20个月；假设你们1年只能见1次面（1次1天），这个时间长度便会迅速地缩减成1个月不到……

　　是的，我们能陪伴家人的时间真的不多！愿你我都能珍惜当下，多给家人一些陪伴，别等一切都来不及了再后悔。

及时反省，别轻易扬掉手中的幸福

很多人爱过，但是累了，所以选择了放手。多
年后，当我们终于弄懂了这个道理的时候，当
初的那个人早已不见了踪影。

周末在家无聊，我又开始翻看老电影，重温了一遍当年
大火的《失恋33天》。可能是年龄渐长、阅历加深的缘故，
这次看这部电影的体会和当初的大不一样，特别是电影中黄
小仙追车的那一幕。当初，我看到黄小仙狂骂开车离开的陆
然，觉得陆然是个混蛋；可多年后再回看，陆然离开前对黄
小仙说的那段话却像刺一般扎进了我的胸口。他对黄小仙
说："黄小仙，你真的不明白吗？我们两个不是一不小心才

走到今天这一步的。你仔细想想，我们在一起这么长时间，每一次吵架你都要把话给说绝了，一个脏字不带，杀伤力足以让我撞墙一了百了。吵完以后你舒服了，你想过我的感受吗？我每一次都像狗一样地觍着脸去找一个台阶下，你每一次都是趾高气昂地站在那儿一动不动，你每一次都是高高在上，我要站在底下仰视你。我仰视够了，我受不了了，我仰视得脖子都快断了！你想过吗？全天下就只有你一个人有自尊心吗？我想过，要么我就一辈子仰视你，要么我就带着我自己的自尊心，开始我自己新的生活。你是改变不了的，你那颗庞大的自尊心，谁也抵抗不了。我不一样，我想要往前走，你明白吗？"

多年以后我再来咀嚼这段话时，却有了另外一番感悟：每个人都有改过自新的机会，可你的另一半是否愿意等待呢？

很多人爱过，但是累了，所以选择了放手。多年后，当我们终于弄懂了这个道理的时候，当初的那个人早已不见了踪影。

以前觉得相爱是件很简单的事情，不过是我喜欢你，你喜欢我，然后我和你走到一起变成"我们"。如果某天我不喜欢你了，你也不喜欢我了，那我们就分开，各自寻找新的幸福。但事实上，相爱不只有爱的开端，更有相处的过程。有相处就会有摩擦、有分歧，也会有磨合多次也无法契合的地方。这个时候如果只是一味地指责对方，而从不自我反省，那大概率将遭遇情感危机。

反省自己，意味着更加理性地看待问题，同时也是对对方的尊重。在自我反省的过程中，能更好地理解对方。即使反省的结果是矛盾依然存在，但在反省的过程中，其实你已经及时控制住了冲动的情绪，不至于脱口而出一些言不由衷的话语，伤人又害己。

好的情感关系，绝不是从未有过分歧，而是哪怕遇到了分歧，也更愿意理解对方的心绪。只可惜，很多人不懂这个道理。

有首歌唱道："得不到的永远在骚动，被偏爱的都有恃无恐。"一些人总是仗着被爱就高高在上、有恃无恐，可曾知道爱你的那个人其实也会难过，也会受伤？没有临时起意的不爱，只有蓄谋已久的分离。生活中的每一次伤害都会变成利刃，一点点地刺向另外一个人，虽然每一刀都不致命，可这一刀一刀割下去之后，留下满目疮痍的身心，任谁都会难以忍受。

不要总是等到失去之后才开始反省。我们应该知道，被偏爱的人并不会永远拥有有恃无恐的权利；愿意付出的人，也不可能永远单向付出。任何情感关系都需要双方共同经营，这样才能长久，亲情、友情、爱情，皆是如此。

每天睡好觉，才能请生活多多指教

———

为了自己和自己所爱的人，为了能以更好的状态
迎接明天的生活，好好睡觉、好好爱自己吧！

你每晚睡得好吗？我身边不少朋友都有睡眠障碍，好友R
就是其中的一员，最近她已经持续半个月深受失眠的困扰了。

我们姑且不去探究她为何会失眠，单从"睡眠少"这件
事来说，估计10个年轻人中至少有5个存在该问题。有些人
是因为加班而睡得少，而另一些人不睡的原因大概是对这个
世界太"好奇"了：看完A剧看B剧；看看朋友圈，刷刷微
博，看看小视频，再玩玩游戏；打开淘宝，然后转战京东，
继而又迈向了唯品会。手机，就像魔盒一样，在深夜里为我

们展现了一个令人目不暇接的世界。于是，睡眠自然而然成了奢侈的东西。

可是，你想过长期熬夜的后果吗？

我的室友每天的固定睡觉时间是次日凌晨2点。下班回到家后她都做了些什么呢？看电视剧，吃夜宵，看娱乐新闻。每每准备洗澡的时候都已将近次日凌晨1点，洗完澡躺回床上后仍然忍不住要继续看一个接一个的小视频……

她这种状态持续了多久，连我都记不清了。她的口头禅是："我这脑子啊，记性是越来越差了！"事实的确如此。她经常会在5分钟内连续问我两次同样的问题，然后在我的白眼中嘿嘿一笑："哎呀，我是真的忘记了。"态度是挺好，就是招人烦。

健忘导致室友在工作中频频出错，老板的斥责已经成了家常便饭。她自己心里也难受，也想做出些改变，可熬夜已经成了习惯，她自控力又太差，根本改不了。于是，她只能陷入边自责边熬夜的恶性循环之中。

记得几年前我也有过一段"放飞自我"的夜生活。那时我最喜欢的娱乐方式就是去KTV唱歌，而且专挑午夜场，就是那种半夜11点到次日清晨6点，可以连续唱7个小时的包房，一晚只需几十元。唱完后再坐最早班的轻轨回学校，睡上一上午，起床后洗个澡，晚上又重新恢复活力，继续"奋战"。

可现在若再有人邀请我去那种"欢唱7小时"的午夜包房唱歌，我是铁定不会去了。因为身体真的负荷不了了，生活态度和思维方式也没有上学时那么幼稚了。

我再也回不去跑完步喝冰汽水也不会拉肚子的17岁了；再也回不去深夜12点吃夜宵也能轻易消化的20岁了；再也回不去熬夜追剧到凌晨2点，第二天还可以若无其事地坐在教室里的22岁了……

我们真的禁不住不规律的作息带给我们的困扰了。你必须承认这一点，接受它，并为此而做出改变。

给自己规定一个合理的睡眠时间，并严格去执行；锻炼自己早睡早起的能力；减少对手机的过度依赖；增加运动；养成良好的饮食习惯……健康的生活方式说来说去总是离不开那几种，很多人都懂，只是行动上做不到，有的人甚至会用那句"活着何必贪睡，死后定会长眠"的话来调侃。

一部电视剧完结了还会有下一部，很多东西都未完待续，可身体和精神的损坏却是不可逆的。健康的身体与充沛的精力是年轻人的资本，却也经不起浪费。

为了自己和自己所爱的人，为了能以更好的状态迎接明天的生活，好好睡觉、好好爱自己吧！共勉！

保持分寸感，是维持亲密关系的前提

———

在陌生人面前，我们交情尚浅时绝不言深，不窥探别人的隐私也不干预别人的私事。我们总觉得有能力做一个有分寸的人，可在亲密的人面前，所有的准则好像全被抛到脑后了。

午休的时候，我不小心听到坐在对面的两位同事之间的对话，是那种朋友之间的日常拌嘴，原本还觉得挺有意思的，可听着听着就感觉到其中的不对劲儿了。没一会儿工夫，两人果然安静了。

我抬眼一看，原本好得跟一个人似的两姐妹，这会儿竟离得特别远。一个低头玩着手机，另一个快速点着鼠标，两人的脸色都不好看。

果真是闹矛盾了。

回想"空气突然安静"之前两个女生对话的内容，好像起因是女生A看了眼女生B的手机屏幕，然后打趣道："和哪个小帅哥聊天呢？"女生B大概是做出了护住手机不让对方看的动作，因为接下来女生A酸溜溜地说："还不让看，看来肯定有情况呀！""哪有什么情况，是女生，不信我给你看她的朋友圈。""我看别人朋友圈干什么？""真的是女生，哪有男生找我聊天啊，我又不像你那么魅力四射，主动找你聊天的小帅哥一个接一个的。"

"我不和男人聊天。"女生A的语气明显已经变得生硬了，"你什么时候看见过我和小帅哥聊天啊，我这个'单身狗'还等着你给我介绍个小帅哥呢！""怎么没有，前几天我还见你跟一个男生聊天呢，肯定和之前的那个不是同一个人。"

"不想和你说话了。"这时候，女生A明显已经生气了。如果在此之前的对话只是两个小姑娘之间的玩笑话，那么接下来的谈话则将矛盾的导火索彻底点燃了。

女生B仍然喋喋不休道："你怎么还生气了呢？脾气可真够暴躁的。"女生A毫不示弱地反击回去："谁脾气暴躁了？还不是因为你口无遮拦！我什么时候像你说的那样水性杨花了？"接下来便突然安静了下来，原本情同姐妹的二人，就因为这几句话闹僵了，冷战了好多天。

至于两人后来到底有没有和好，这些都是后话。这件事情让我深刻反思的一点是关系再好的人之间，也要保持一定的分寸感。

"分寸感"这个词我们都很熟悉，平时也都做得很好。在陌生人面前，我们交情尚浅时绝不言深，不窥探别人的隐私也不干预别人的私事。我们总是觉得有能力做一个有分寸的人，可在亲密的人面前，所有的准则好像全被抛到脑后了。

我也犯过同样的错误。

每年三月，我和好闺密都会在三八妇女节前后的日子里来一场说走就走的旅行，已经持续了数年。和往年不太一样的是，今年旅行期间我们两个吵架了，就像那两个闹别扭的女同事一样，我们俩也是好一会儿谁也不理谁。

　　事情要从一件薄款羽绒服说起。

　　那时我闺密刚刚交了男朋友，我俩出发的那天，气温骤降，怕冷的闺密就直接把男朋友的羽绒服穿走了。三月的武汉其实并不算冷，因为想给闺密拍好看的照片，所以我便提议她把羽绒服脱掉，但她喊冷，不肯脱，这事就暂时作罢了。中午，眼看着太阳出来了，气温也升高了，给她拍照的时候我便又提了一次："把羽绒服脱掉吧，露出里面你自己那件衣服就好，外边这件羽绒服实在太丑了。说实话啊，你男朋友买衣服的眼光真的不怎么样。"

　　这句话刚说完，闺密的脸色瞬间变了，她撂下一句："不拍了！"便怒气冲冲地走掉了。

　　其实当时我自己也在反省：我是不是语言上确实有些过激了？可转念一想，我们可是十多年的好姐妹啊，她居然因为一个交往不足三个月的男人的羽绒服冲我发脾气！我越想越觉得委屈，最后的结果就是两个人一前一后地走着，中间隔着好远的距离。

　　气氛僵持了大半天，直到晚上我们两个人的关系才缓和了一些。晚上临睡前我们俩躺在床上聊天，她缓缓地开口道："你知道白天的时候，我在生什么气吗？"我正想向她道歉，她抱住我的胳膊，委屈地说："因为你说我男朋友的眼光不好。他眼光怎么就不好了，不好能看上我吗？"

这件事后来究竟是怎么收场的我有些记不清了，但吃一堑就得长一智，这件事情让我明白：再好的朋友之间，也得把握住相处的界限，亲密是有限度的，不以自己的眼光过度干涉对方的选择，才是对友情最好的保护。

生活中这些活生生的例子无一不在告诉我们：无论对方是你的亲人、爱人还是朋友，无论你们之间的关系有多亲密无间，也依然要记得为彼此留有适当的距离，也就是所谓的分寸感。

对方想说的事情，那就聆听，别深究；对方不想说的事情，那就别问，只陪伴。分清楚事情的主人公究竟是谁，不把自己的意志强加给对方。这种不越界并非情感生疏，反而可以让关系变得更加亲密。一如那句话所说："最好的交往，是保持分寸感。"

不要让那句"距离近了，美没了"的小品台词演绎成真，言语有度、嬉闹适当，不强求、不过度、不叨扰，这样的距离才刚刚好。

承认失败，有时比获得成功更重要

———

其实，人生就像一场拳击竞赛。我们站在拳击台上，拳头总是迎面袭来，来得猝不及防，让人措手不及。有时我们被揍得浑身是伤，受伤的我们往往只愿在黑暗中独自舔舐伤口，怕被人瞧见，也怕自己看见。甚至从此以后，连拳击台都成了禁忌。

我读高中时，心里一直装着一位假想敌。那个人是个女生，就在与我一层之隔的楼上的班级里。

我们的故事开始于我初二那年。当时，班主任对我青睐有加，县里组织演讲比赛，她帮我争取到了学校里唯一的参赛资格。备战的日子里，我每天对着镜子练习许久。比赛那天，我发挥得还算正常，最终得了第二名。

那是我第一次见到那个女生，她是演讲比赛的第一名。后来，去市里比赛的时候我们又见过一次。因是同一地区派去的参赛选手，她又一直压我一头，所以我难免对她多留意了几分。

巧的是，三年之后，我又碰见了她。那时我才知道，原来我们竟然考上了同一所高中。她可能并不认识我，倒是我，因为那成绩落后于她的演讲比赛一直留意着她的动向。原以为我们的交锋已经终结于那次演讲比赛，可事实上并没有。

我高中时唯一拿得出手的就是数学成绩了。在文科班，数学成绩的高低是拉开分数的关键，所以我一直为我的数学成绩感到自豪。

高二时，我们学校举办了一场数学竞赛，成绩最好的学生可以代表学校去省里参赛。我记得那是我做过的最无从下手的一张数学试卷，但最终出来的成绩竟然还不错。我始终记得当数学老师在课堂上说我有望代表学校到省里参赛时，我的心情比之前数学成绩拿了年级第一时还要激动。

我热切期待着参赛那一天的到来，甚至买了很多试卷做考前练习。可是等啊等，我最终没有等到那渴盼已久的参赛通知，却得到了楼上的某位同学已经去参赛的消息。那个同学不是别人，正是一直让我耿耿于怀的那个女生。

多年后，问起高中好友是否还记得高中时的那场数学竞赛。她的回答是："毫无印象。"这么多年过去了，至今依然无法释怀的可能只有我吧！

其实后来我也遭遇过失败，有过不甘心，但都没有败给那个女生来得刻骨铭心。我一直不太懂这是为什么，直到有一天我看了一部电影《百元之恋》。

电影中的女主角一子最初活得很平凡，也很窝囊。在家啃老，被亲人嫌弃，被赶出家门之后只能在百元便利店里当收银员，她的生活苦闷而无趣。机缘巧合之下，一子认识了一个在拳击馆里打拳的男人。一子以为属于自己的爱情终于降临了，可谁知拳击男很快就露出"渣男"本性。一子用心经营的爱情，在对方看来不过是逢场作戏。为了释放心中的委屈，获得哪怕只有一次的认可，一子走进了拳击馆。她戴上拳击手套，不再颓废，不再眼神躲避，不再含胸驼背，她成了一个眼中冒火、浑身充满力量的女孩。

后来，一子去参加拳击比赛。观众席上，曾经指责她的家人在，那个曾伤害她的男人也在。那是一场可以让所有人改变对她的偏见的比赛。一子抱着一定要赢的信念站上了拳击台，但她根本来不及出拳，她节节败退。教练在一旁疯狂地呐喊，让她使用最擅长的左勾拳，可她依然只能护住头……最后，她输了，但她也赢了，她终于挥出了自己最擅长的招式。虽然比赛输了，但她依然诚意满满地拥抱了对手，也坦率地吐露了"好想赢"的心声。

那一刻，我又想起了曾经失落的自己。是啊，虽然失败了，但真的好想赢啊！在对自己袒露心声的这一刻，我像一子一样获得了前所未有的解脱。

那时我才明白，一直以来让我最为耿耿于怀的事情和他人其实没有任何的关系。我明明两次输给那个女孩，嘴上却始终不愿承认。我一直不能正视与她两次交锋时的失败，也一直未能与那个失败的自己和解。

其实，人生就像一场拳击竞赛。我们站在拳击台上，拳头总是迎面袭来，来得猝不及防，让人措手不及。有时我们被揍得浑身是伤，受伤的我们往往只愿在黑暗中独自舔舐伤口，怕被人瞧见，也怕自己看见。甚至从此以后，连拳击台都成了禁忌。以为自己不说，别人就不会知道，以为绕过去，就能跨过那道坎儿，但只有我们自己知道，心里有块大石头一直摇摇欲坠地挂着。

害怕失败是我们的本能，能够坦率地直视内心，勇敢地承认自己的不足，那才是本事。

想起《花儿与少年》节目的一句文案，用在此处尤为合适："每一块乌云都镶着金边，所以，遭遇才会特别明显。当世界对你关上一扇门，不要生气，那是让你练习面壁。也许，每个人都是孤独的史努比。也许，一上场队友就变成了对手。可是，胜利有时候不是因为战斗，只是因为学会了，勇敢地举起白旗，和自己握手。"

生命本无常，我们都该珍惜好时光

———

每一次听到医生宣告我的身体没有大问题，我都像一个突然被赦免的死刑犯，从头到脚都透着劫后余生的庆幸与感慨。每经历一次这样的事情，我都会更加热爱生活，都会马不停蹄地去做更多的事情，去完成更多还没有完成的梦想。那种状态就像噩梦惊醒后的大口喘息，就像沙漠旅人找到绿洲后的贪婪狂饮。

最近，我对"生命无常"这四个字的感受越来越深。这并非因为某些公众人物的意外离世而突发感慨，而是因为我周遭发生的一些寻常或不寻常的变化。

所谓寻常，是母亲在电话中讲述的邻里的去世。那些记忆中的面孔原本就十分模糊，这下更是只剩下一个个大致轮廓，最后全部都随着母亲的一声叹息渐渐消失了。那些远在家乡的亡灵，让我对死亡产生了敬畏。

所谓不寻常，其一是母亲意外中毒，我在医院病房陪护时亲眼见到了病人为了活下去而苦苦挣扎的样子；其二是发生在我身上的一个乌龙事件。

某天早上醒来，我的眼皮变得肿胀不堪，敷了冰袋也迟迟不消肿。虽不疼不痒，但保险起见，我还是决定去医院看一看。先挂的眼科的号，眼科大夫很快地在电脑上敲下了"结膜炎"几个字，并开了眼药水和几支外用药膏。一个礼拜之后，水肿未消，反而有了愈发严重的趋势。去医院复查，眼科大夫看着我肿胀的眼皮拧起了眉头，建议道："要不你去泌尿科看看，肾有问题也会造成眼部水肿。"就这样，我又挂了泌尿科的号。经过一番检查，各项指标完全正常，泌尿科大夫纠结地说："你要不去看中医吧。"那一瞬间我真是郁闷至极，可是又不能甩手不看了，毕竟，在不明原因的病症的困扰之下，谁能不胆小呢？

等我挂上一位中医专家的号，才发现等他看病的人已经挤满了走廊。当我终于踏进诊室的时候，大半天的时间已经过去了。医生号了号我的脉，说："肺脉虚。"然后开了一些调理身体的中药，让我回家静养。

又过了一个礼拜，我的病情愈加恶化，脸颊和下颚也开始水肿。实在没办法了，我抱着试试看的态度又去了皮肤病医院，大夫瞄了一眼就下了结论："过敏。"然而，多次在各科诊室之间辗转的经历，使我对这名医生的结论抱有怀疑的态度。可有什么办法呢？医嘱还是得遵守。令人心安的是，半个月之后，折磨了我近一个月的水肿终于消退了，看来是过敏无疑了。

一次小小的过敏症风波之后，家里留下了什么呢？一大堆化验单，还有3000多元的药费凭证。

在此之前，我从未如此惧怕过生病这件事。在这件事情之后，我忽然觉得生病真的是世界上最恐怖的事情。它不仅会像无底洞一样耗尽你的金钱，还会用病痛折磨你的身体，更会用人类对未知的恐惧折磨你的精神，让你变得焦虑、萎靡、惊惧不安。

有段时间我总是头晕目眩，吃了好多补血补气的东西都不见好转，只好继续往医院跑。

十一月，北方已经很冷了。CT室门外的长椅上零零散散地坐着几位老人，年轻人就我一个。我坐在蓝色长椅上，闭起眼睛以缓解头晕的症状，突然就想起了数月前的一段对话。那时我因吃螃蟹爪弄坏了牙，跑去诊所镶牙。医生问我是否要镶全瓷牙，我问他全瓷牙的特点，他说："镶全瓷牙的话，做CT的时候无须摘下来。"当时我就在想：我还这么年轻，一时半会儿哪会有做CT检查的需要啊。然而，仅仅过了数月而已，我就躺到CT机上去了，真是挺"打脸"的。不过，唯一让我感到欣慰的是，我当初选择了镶全瓷牙，这个决定稍稍减轻了我病中的懊丧感。

很多年前，我和老妈闲谈的时候聊过关于死亡的话题。我告诉她，如果我年轻时死于意外，我愿意把自己全部的器官捐献给有需要的人；如果我年老时死于疾病，我愿意将自己的遗体献给研究所，为国家的医疗事业尽一份绵薄之力。老妈的反应可想而知："呸呸呸，说的都是什么浑话。"

在老妈眼里，死亡是莫大的忌讳。但我不忌讳，我敬畏死亡，只是不愿亲近它罢了。

请你相信，当我如此坦荡地与你讨论死亡的时候，并没有抱着一丝一毫的悲观情绪，我依然热爱生活，比任何人都爱。只是在生活中无数个未知的风险面前，我觉得有必要提前做一些事情。我不想当自己真的命不久矣时再去探讨活着的意义，那将毫无意义。

我经历过一次又一次等待现代医疗仪器的"审判结果"的难熬时刻。那个"审判结果"有时候是我妈妈的，有时候是我自己的，但所有焦灼等待时的沉默与胡思乱想都是我自己的。

每一次听到医生宣告我的身体没有大问题，我都像一个突然被赦免的死刑犯，从头到脚都透着劫后余生的庆幸与感慨。每经历一次这样的事情，我都会更加热爱生活，都会马不停蹄地去做更多的事情，去完成更多还没有完成的梦想。

那种状态就像噩梦惊醒后的大口喘息，就像沙漠旅人找到绿洲后的贪婪狂饮。

时光易逝、生命无常，我们永远不知道明天和意外哪个会先来。如果可以，希望你我都能珍惜生命，大口呼吸，轰轰烈烈地在这世上活一场。

只要敢想、敢拼，就不会真正老去

人常常不是败给自己日渐衰老的肉体，而是败
给日渐枯槁的内心。

公交车刚一到站停下，马上拥上来一群人。他们个个穿
着校服，应该是站点附近某所学校的学生，面孔稚嫩、青
涩，伴着嘈杂的交谈声，就这样闯入了我的视线。他们穿的
校服和我当年穿的校服差不多，还是最常见的蓝白相间款，
最令人艳羡的青春全写在了他们脸上。这一刻，我突然萌生
出一个念头：我和他们之间好像不止隔了10岁的年龄差。我
恍惚间意识到，自己好像是老了。

年轻时的我，穿再丑的衣服也要配上一双漂亮的小皮

鞋。可如今，衣柜里的衣服早已从曾经的五颜六色变成了清一色的淡雅朴素，一如日渐成熟或者说日渐老去的我。

想到这里，我忍不住感叹一声："年轻，可真好！"

再仔细一想，我是真的变老了吗？到底什么才能代表一个人真正变老了呢？

相较前些年，我的心态和生活方式确实发生了很大的变化。比如，我慢慢能克制住自己那曾放纵的食欲。每天夜里10点回家，穿过一片漆黑的走廊，经过一条更漆黑的绿荫大道，接下来就是一场理智与欲望的较量：煎饼果子、肉夹馍、羊肉串、奶茶、寿司、巧克力蛋糕、鸭脖、炸鸡、烤猪蹄、酸辣粉……凡是想吃的，就没有买不到的。每到此时我都想堵住我那异常灵敏的鼻子，拍拍我那咕噜咕噜响个不停的肚子。不过最近几年我越来越能控制自己了，我再也没有在一日三餐之后放肆地吃过第四顿饭了。

戒掉夜宵，戒掉暴饮暴食，戒掉晚睡晚起，这些就能代表我正在告别恣意的青春，逐渐变老了吗？好像并不能。平和与自律从来不代表一个人已衰老。

　　我曾不止一次地和别人探讨过"究竟是'老'更可怕，还是'死'更可怕"这个问题。我坚持认为"老"比"死"可怕得多。我坚信：死亡无法预料，所以并不可怕。我们只要将每一日都当作生命中的最后一日努力地活着，就能不枉此生。相比之下，"老"很不一样，你能看到它——无论是头上的银发、逐渐脱落的牙齿，抑或眼角的皱纹，都在时刻提醒着我们，我们正在一步步走向衰老，靠近死亡。

　　直到那件事情的发生，我的想法改变了。

　　一次，朋友跟我抱怨自己的舅舅。他和舅舅的年龄只相差十二岁，从小就在一起玩。他说舅舅年轻的时候时髦又敢闯，村里第一个骑摩托的人就是他，村里第一个南下闯荡的人也是他，村里第一个盖二层小楼的人还是他……在朋友的眼里，舅舅一直是偶像一般的存在。可最近他发现舅舅变了。这两年生意不好做，朋友所在的公司因效益不好，迅速做出了裁员等一系列行动，朋友也在被裁的名单之列。他在家休息了一段时间，就又开始四处投简历了，结果半点回应都没有。正好他有个同学在省城新开了一家快递点，缺帮忙的人手，便招呼他过去帮忙。他想着既可以赚钱又可以学习一下开快递点的经验，以后说不定还有机会在老家开家属于自己的快递点，也就心动了。结果他刚把想法跟家里人一说，便遭到了全家人一致的反对，其中，舅舅的反对声是最大的。舅舅说："你都快三十岁的人了，出去闯还能闯出什么名堂？你在外面遇到事情了谁能帮忙解决？你还不如在老家老老实实地找个稳定的工作，实在找不到就到我店里帮忙！"

朋友抱怨道："你说我舅舅怎么越活越倒退了？他当年兜里揣五百块就敢只身跑去广东闯荡，怎么到我这儿他就怕了？"

那一刻，我突然觉得，真正的"老"，其实是对世界的妥协。当一个人不敢再去冒险，不敢再去尝试，以为自己已经了解了这个世界，实际上不过是畏缩于原地，不敢奔向未来时，他才是真的老了。

人常常不是败给自己日渐衰老的肉体，而是败给日渐枯槁的内心。人生漫漫，虽然岁月不可避免地会在我们身上刻出星星点点的痕迹，但我们可以选择保持内心的激情与活力。外表不再年轻又怎样，只要我们仍然敢想、敢拼，就会"正青春"！

别以为自己很渺小，其实你很重要

———

为什么生活似乎总是在催促着我们快快长大？
是为了让我们更成熟、更有成就吗？后来才发
现，好像不是。其实生活只是想以这样的方式
提醒我们：在这个世界上，我们对一些人来说，
很重要。

小暑前后，北方的雨季悄悄来临，记忆也跟着沾了湿漉
漉的潮气。

六月末染上的风寒刚刚好转，新一轮的磨难便猝不及防
地闯进了我的生活——妈妈突发疾病住院了。

报忧电话是堂妹凌晨两点半打来的。堂妹毕业于卫生护

理学校，目前在县城的医院当护士。她给我讲了一堆我听不懂的专业术语，一再地宽慰我："已经抢救过来了，现在没事了。姐，你别担心。"

怎么可能不担心呢？听到消息的那一刻，我的大脑一片空白，只是机械地从床上爬了起来，然后开始收拾行李，用一件又一件东西将红色的行李箱填满。我很难过，很委屈，很迷茫，为这突如其来的打击，也为长久以来的不如意。

那段时间常听那首《曾经我也想过一了百了》："曾经我也想过一了百了，因为鞋带松开了，我不擅长将它好好系紧。"当时觉得人生真像荡秋千一样，起起落落，痛苦挥之不去，周而复始。

妈妈是因剧烈的肚子疼被紧急送往医院的，检查结果为食物中毒。由于去年她因腹腔内长肿瘤住过一次院，症状也是肚子剧痛，大家都以为是旧病复发了。幸好只是虚惊一场。然而，食物中毒治疗起来也不简单。妈妈的腹腔内有大量积水，需要不断地打点滴消炎；而且妈妈不能吃饭，每日只能靠输营养液维持生命。病房里除了妈妈之外，还住着一位年过八旬的老奶奶。

那位老奶奶白天熟睡，一到夜晚便"化身"3岁的孩童，一会儿喊着要小便，一会儿喊着要大便，一会儿可能又喊起了妈妈。夜里，老人常常闭着眼睛大喊儿子的名字，喊他怎么不到床前看看自己。陪护她的儿子只能一次又一次地从椅子上起身，一边给她换纸尿裤，一边还得小声地和她商量："您说话时能不能小声一点儿？现在这样会把别人都吵醒的。"

在这样嘈杂的环境中，人根本无法安心入睡。妈妈经常整夜整夜地睡不着，眼睛虽然闭着，却一直翻来覆去，所以恢复得也慢。那阵子我的精神压力很大，没有食欲，再加上睡眠不足，一度感觉自己快抑郁了。但是作为陪护，我知道自己必须坚强地站在病人面前，不能露出一丝消极的情绪。

医院是从清晨5点开始热闹起来的，这时会有护士进来为病人采血、量体温，也会有卖早点的人推着餐车在走廊里走动。所有人都一脸疲惫，根本分不清楚谁才是真正的病人。

我靠着最后一丝意志力苦苦地支撑，终于撑过了那难熬的一个礼拜。但那位老奶奶半夜的叫喊声却成了我后来很长一段时间的梦魇，很多原本应该美好的夜晚也因这记忆中太过深刻的一幕而变得恐怖起来。

在医院陪护时，我听过很多病人家属间的对话，在那里，"死"是他们背着病人提及最多的一个字眼，"钱"字则次之。病着的人要如何面对死亡，病人的家属要如何负担高昂的医疗费，是这里折磨众人的两大噩梦。

钱在医院似乎并不是钱，只是一串不断累加的数字而已，却足以轻易地压垮一个普通的家庭。在这里生命的长度也开始按秒计算，每天躺在床上，盯着雪白的天花板等待死亡的感觉，是恐慌还是淡然，恐怕只有身处其中的人才能体会。作为旁观者，我当时只感到疲惫与焦灼，还有挥之不去的惶恐。

犹记得那时的亲戚们又像高考之前那样挨个儿找我谈话，他们一致劝我回老家，回到父母的身边。他们的想法我能理解，"父母在，不远游"，作为独生女，我肩上的责任很重。可是，我真的该回去吗？回去以后我又能做什么呢？妈妈每天输的营养液就要860元，再加上住院费、检查费、护理费等，每天支出高达数千元。而这次仅仅是偶然性的食物中毒，如果下次换成其他大病呢？以我目前在二线城市的工资尚且支撑艰难，如果我真的回到四线小城的家乡，到时候怕是连买营养液的钱都负担不起了。

以前我对钱没什么概念，一直处于一种"一人吃饱全家不愁"的状态，没有太多积蓄，但也从来没有在钱的事情上感到困窘过。可就是那个深夜，在护士站那台显示着所有医药费用明细的电脑前，我羞愧得抬不起头来。

很久以前在网上认识过一位自由设计师。我看过他的作品，他虽然不是科班出身，但作品很棒，有特点，有灵性。他画得好，但脾气怪，拒绝一切他觉得毫无艺术性可言的设计要求，因此流失了很多潜在的客户。他曾说过，"艺术"二字于他，就像生命一样珍贵。就是这样一个热爱艺术的人，却在30岁生日的当天突然宣布再也不画画了。之后，他开始推销保险。从他的微博里，我陆续了解到事情的真相。原来，那段时间他的家庭遭遇了重大变故。他的父亲因交通事故住进了医院ICU，抢救了很多天才勉强保住了命，母亲因急火攻心也住进了医院。为了支付高昂的医药费，也为了有更多的时间可以到医院照顾父母，他不得已做出了这样的决定。他的转变，让我第一次见到了一个人向生活屈服的样子。不知道他以后还会不会有机会重新拿起画笔，重新做回他喜欢的设计工作。

人生好像就是这样，它像一辆没有固定行驶路线的汽车，一不小心就会转变方向，驶向一个之前从未想过的方向。

一次公司团建，一位同事顺路送我回家，闲聊中了解到，他曾在北京奋斗过好几年。我问："那你为什么还要回小城市呢？在那儿工作、生活不好吗？"他说："可是在那儿买不起房子啊！我自己倒无所谓，但总归要考虑爱人的想法和孩子未来的升学问题，人活着不能只考虑自己啊！"

"人活着不能只考虑自己"，这话听起来如此耳熟，前不久另外一个朋友好像也说过。当时，那个朋友要回老家结婚，临走前他跟我说："父母岁数大了，最近几年身体越来越差，我不能只考虑自己……"

28岁，感觉自己成了被生活催熟的"早衰青年"，头发没有变白，脸上也没有皱纹，可就是感觉心"老"了。成熟了吗？也不算，只是突然明白了"责任"二字的意义。

帮妈妈办理出院手续的那天，妈妈对着我感慨了一句："有我大闺女可真好！"就在那一刻，我的心里突然溢出满满的幸福！原来，曾经那么弱小的自己竟然也不知不觉成长为父母的依靠了。

曾把《儿时》单曲循环了很久，听歌手一遍又一遍地哼唱："我们就一天天长大，记忆里有雨不停下，蝉鸣中闷完了暑假，新学年又该剪头发；我们就一天天长大，也开始憧憬和变化，曾以为自己多伟大……"当时不解，为什么生活似乎总是在催促着我们快快长大？是为了让我们更成熟、更有成就吗？后来才发现，好像不是。其实生活只是想以这样的方式提醒我们：在这个世界上，我们对一些人来说，很重要。

NO.5

坚定地过自己喜欢的生活，才是告别焦虑的活法

想要怎样的生活，就付出怎样的努力

——

从此刻开始的每一秒钟的努力，都可能改写你
人生剩余的篇章。

周末一大早，我被邻居激烈的争吵声吵醒。

我隔壁住着一对年轻情侣，我只在乘电梯的时候碰见过
他们，从未有过交谈。但从他们多次的争吵声中，我对他们
的情况多少了解了一些。男孩被公司裁员后，一直待业在
家，整天只知道打游戏，饿了就叫外卖，吃剩下的餐盒就堆
在走廊里，早已引起了邻居们的不满。女孩应该是有工作
的，起先她还会帮忙收拾外卖盒，后来干脆也不管了，任其
堆在走廊里散发出难闻的气味。

两人吵架的原因无非就是女孩质问男孩什么时候出去找工作、什么时候去上班。男孩的回答永远是"在找了"，末了还要补充一句："之前上班赚的钱还不是全都给你花，你能不能对我有点儿信心，以后我一定让你过上想买啥买啥、想去哪儿去哪儿的日子！"

那个周末之后，隔壁很久都没有再传来争吵声，走廊里堆放的餐盒也不见了。后来再碰见的时候，就只剩下那个男孩，他的女朋友再也没出现过。我想，他们可能是分手了吧。不知道男孩有没有后悔过。

我们身边不乏像男孩这样的人，整天幻想着自己在未来的某天会过上心中向往的生活，但却懒于付出真正的行动。

可能有人会告诉你："在这个时代，很多事情即使你努力了也不一定有结果。"可那又怎么样呢？网上有这样一段话："要得到必须要付出，要付出你还要学会坚持，如果你真的觉得很难，你坚持不了了，那你就放弃，但是你放弃了就不要抱怨。我觉得人生就是这样，每个人都是通过自己的努力去决定自己生活的样子。"

从此刻开始的每一秒钟的努力，都可能改写你人生剩余的篇章。

如果时光可以倒流，我真想回到19岁那年，那个足以改写我人生走向的夏天。

高考对于我而言，没有太特别的回忆。高考之前，我的心态跟高一、高二时没有太大区别。从晚自习下课到11点熄灯，我除了洗漱，剩下的时间几乎全部用在了与分叉的头发丝较劲上。刚一熄灯，我立马把脸捂进不算柔软的枕头，很快进入梦乡。我就以这样的状态度过了高考前的无数个夜晚。那时的我对大学没什么概念，我只知道自己可能无法去十分向往的那个城市了，觉得再努力也创造不了奇迹，于是我放任自己变得散漫。

所有浪费时间的结果，都体现在最后的高考成绩上面。那低于文科综合成绩平均分的30分，就是我与"一本线"之间的差距。

我所有浪费掉的时间不仅体现在高考成绩上，还体现在我生活中无数个无知的瞬间。

后来，我常常在想，如果人生可以重新来过，努力拼搏一次又何妨？

如果说我在过去的人生中有何遗憾的话，就是在高三的那一年没有用尽全力地去拼一把。我恨自己为什么要在本该坚持的时候草率地选择放弃，然后却用余生去弥补那些曾经被浪费的时间……

值得庆幸的是，我明白这个道理的时候并不晚。大学期间，学生们都有充裕的个人时间。因为我们学校地处城市郊区，没有过多的娱乐项目，所以室友们常常凑在一起看韩剧，彼时的我却沉迷在书海里无法自拔，立志将图书馆的文学类图书看个遍。事实证明，这是个不可能完成的梦想，但我却在阅读的过程中逐渐感受到了文字的奇妙，并逐渐回忆起了我在初中时那个想当作家的梦想。

这一次，我不再只是想想。

大学二年级，我开始以"独慕溪"的笔名在各大网站投稿，在辗转了几个知名的小说网站后，终于成为其中一家小说平台的签约作者。我徜徉在文字的海洋里，不仅靠自己的努力赚到人生中的第一桶金，同时也收获了我的第一批读者。

后来，微信公众号兴起，我开始尝试散文创作，试着让文字贴近生活。2017年，我创作的一篇文章在网络上走红，多家知名媒体争相转发。随着暴涨的阅读量一同而来的，还有一纸图书出版合同。坚持创作的第六年，我终于迎来了属于自己的出版机会。

这就是我的写作故事，听起来可能没多么精彩，也没多么跌宕起伏，可我从始至终都明白：我想要成为什么样的人；为了实现这个目标，我从未停止努力。看看名人传记你就会发现，大部分名人成功的要素都包含以上两点。可能太绝对，但我们都该相信，只要努力过，就一定不会那么遗憾。

世间其实没有太多解决不了的问题，也没有太多跨越不了的高山，只要你足够努力。一旦停下前进的脚步，的确可以不必经历那些沟渠、泥泞，但同样也看不见远方的风景。

努力拼搏吧！未来想要什么样的生活，此刻就付出相应的努力。你要相信，从此刻开始的每一秒钟的努力，都可能改写你人生剩余的篇章。别让后悔充斥你的余生。

别用嘴上的"佛系"，掩饰内心的恐惧

———

"前面有的是路，但是如果你不迈出第一步，就
哪儿也去不了。"

看一档节目的后台花絮，视频中，嘉宾给在场所有参赛
的选手们出了一道选择题："如果'ABCD'四个字母分别代
表着'想要赶紧结束''想结束却舍不得''希望节目慢点结
束''永远不想结束'四种选择，你会选择哪一个？"那是
一个接受多少目光就需要承受多少压力的节目，对于参赛选
手而言，是一项备受煎熬的挑战。选择"永远不想结束"的
人很少，其中有个女孩说了这样一番话："一直想留下来，
因为这个机会对我来说很重要。我很害怕面对结果，也很害

怕出去就没有更好的舞台了，所以我很舍不得……"她声音中的哽咽深深触动了我，那一刻，我觉得这个女孩值得这样一个机会，一个可以留在舞台上的机会。

但在这个世界上，并不是每一个人都有逐梦的勇气。

作为普通人，我们多数时候不敢对机会做出回应。与其争当鹤立鸡群的少数人，我们宁愿自己是人群中毫不起眼的大多数。于是，不爱争抢的性格孕育了新时代的"佛系青年"。网上对"佛系青年"的释义为：快节奏的都市生活中，追求平和、淡然的生活方式的青年人。可在我看来，这看似淡然的生活方式背后，隐藏着的是青年人内心的恐惧。因为害怕失败，所以不争不抢。

仔细回想一下，这些年你因为不敢争取，错失了多少机会？

我们内心明明很想得到某样东西，但却总是努力表现出一副云淡风轻的模样，错失后到头来后悔的是自己，难过的也是自己。我们真的不行吗？不，我们只是害怕自己不行，我们怕失败。我们往往只有到回想的时候才会发现，如果当初可以勇敢一点点，敢为自己努力争取一把，那么，即使结果不尽如人意，之后也不会那么后悔吧！

电影《饮食男女》中有这样一句台词："人生不能像做菜，把所有的料都准备好了才下锅。"仔细想想，的确如此。当机会猝不及防地出现在我们面前的时候，最让我们战战兢兢的，往往是内心深处觉得自己的实力不能与机会相称，尤其是当别人同样对你产生怀疑的时候，这种想法会愈加强烈。

但是，千万别怕啊，正如电影《厕所女神》里外婆对花菜说的："活着啊，就会遇到不合理的事和无法理解的事，还有很多自己力所不能及的事。然而这才正是接受考验的时候。是怨天尤人，止步不前，还是吸取教训，继续前进？这两个选项，每个人都有选择权。"

犹记得上学时，每当考试过后，我觉得自己考得还不错的时候，就会很期待成绩的公布；而觉得自己成绩不太理想的时候，就特别害怕成绩的公布。但当我们离开校园，步入社会之后，结果也变得复杂起来，它不再是上学时那种"要么进步，要么退步"的单选题。很多成年人可能畏惧到连

"考场"都不敢进。

及时抽身或者选择不去开始，确实不至于输得太过狼狈，可那样做获得的结果有什么意义呢？正如《厕所女神》里外婆对花菜说的另外一句话："想做的事没有做过，后悔是很痛苦的；想做的事做了，就算失败了也会释然。前面有的是路，但是如果你不迈出第一步，就哪儿也去不了。"

谁不害怕遇到糟糕的结果？但即使预感到前路崎岖，也不能轻言放弃啊！人生路上，我们最不该做的就是用嘴上的"佛系"去掩饰内心的恐惧。

愿亲爱的你，永远拥有为自己而战的勇气。

今天多争取一次，明天就少一点遗憾

———

我在一天天地变得成熟，可我也越来越容易懦
弱和胆怯。曾经年少轻狂，敢不顾一切，如今
却只想适可而止。

一个可爱的姑娘在看了我出版的第一本书后，辗转找到
了我，和我分享她的一些读书心得，我们因此相识。姑娘跟
我倾诉，自己在一家书店买书时，遇见了一个令她心动的男
孩。她跟我说特别后悔当时没有勇敢地索要对方的联系方
式，问我有没有什么方法可以找到对方。

我决定帮她寻找那个令她心动的男孩，虽然我的力量很
薄弱。当天晚上，我在自己的微信公众号上推送了一篇文

章，又在微博上吆喝了一圈，甚至买了推送广告。

在600万人中寻找一个人无异于大海捞针，找到的机会极其渺茫。我跟她说："你要做好心理准备，一来我们很可能找不到他，二来即使找到了，对方也可能已经有女朋友或者结婚了。"姑娘很坦然地回复我："没关系，我已经很多年都没有遇到过看一眼就喜欢上的人了，我不想就这样轻易地错过！"

她这种勇气是我万万不及的。年龄渐长，我越来越觉得遇不到令自己心动的爱情并不可怕，逐渐丧失爱一个人的能力才是真的可怕。我在一天天地变得成熟，可我也越来越容易懦弱和胆怯。曾经年少轻狂，敢不顾一切，如今却只想适可而止。这位勇敢的姑娘，唤起了我内心深处的柔软，我突然领悟："幸福应该是靠自己争取来的，最后的结果可能不尽如人意，但多争取一次，人生就会少一份遗憾。"

后来，我们真的找到了那位令姑娘心动的男孩。是的，在一个有着600万人口的城市中，我们真的找到了他。刚得知找到的消息时，我是相当激动的。在要到对方的联系方式后，姑娘和男孩约着见了面。只不过男孩虽然没有女朋友，可他的性格跟姑娘想象中的相去甚远，后续自然不了了之。

我很怕那次见面会让姑娘产生挫败感，让她对恋爱失去信心，甚至影响她以后的择偶观，但实际上并没有。姑娘说她很庆幸自己可以这样快速地认识并了解一个人，而不是长久地陷入自己虚构的美好幻境之中。我惊叹于她的果敢，她不仅拥有追逐的勇气，还拥有放手的洒脱。于她而言，就算是糟糕的结果也意味着一个全新的开始。那一刻，我遗憾没能早几年认识她。

曾听过这样一段话："我终于意识到，失去勇气就意味着丧失了面对挑战的机会，不但于事无补，还可能让我终身悔恨。人生在世，我们要用勇气改变可以改变的事情，用胸怀接受不能改变的事情……"

后来，当再有人问我"究竟应不应该去向喜欢的人表白"的时候，我常常这样回答他："当你开始纠结应不应该去向你喜欢的人表白的时候，其实已经证明这将是一件不做就会让你感到后悔的事情。你现在之所以这么纠结，只是因为你不确定自己能否承受那个可能到来的不尽如人意的结果。如果你真的觉得很难选择，那你不妨换个说法问问自己：遭受失败和未曾努力，哪个更加令自己难以接受？相信你会找到答案的！"

心中的梦想，值得我们坚持到永远

——

"是不是有些梦想只适合存在于我们的脑海中，并不适合去实现？是不是总有些事情是无论怎么努力也终究没有结果的？"没有人告诉过我答案，所有的答案都是我在不断地迷失与追寻的过程中获得的。前路漫漫，雾霭茫茫，我就这样一路跌跌撞撞地前进着，从未停歇。

和朋友一起去吃烧烤，隔壁桌的大哥明显酒喝多了，音量一句比一句高。

他说自己快坚持不下去了，为了自己的梦想，他已经花了将近20万元了，可除了一身债务，他一无所有。他颓丧地说道："梦想，那是有钱人才配拥有的东西。我呢，就是一个普通的小老百姓，再怎么扑腾也变不成枝头的凤凰……"

他的朋友在一旁劝慰："你喝多了，回家睡一觉吧，烦心事儿留到明天再想。"就这样闹了好一会儿，直到他们离开，店里才终于恢复了平静。

从头至尾，我都没听明白那位大哥口中的梦想究竟是什么，只是隐约知道大哥赔钱了、伤心了，也决定放弃了。

朋友也若有所思，说："我特别佩服你，愿意为了自己的梦想坚持这么多年。我早就觉得你一定行的，这不，果真没让我失望。"

她见我表情疑惑便掏出了手机，翻找了半天，欣然一笑："你看，就是这个。"

我接过手机，看到屏幕上面是一张我的照片，照片下面配的文字是："我想出一本书——散文集那种，所以我每天都坚持写文章。我是一个很容易三心二意的人，爱好有过很多，唯一坚持下来的只有写文章了。我甚至不敢想自己可以成为作家，只是……贵在坚持吧！"

　　我已经记不清自己是什么时候、在什么网络平台上写过这样的话了。她手机上的这张照片，倒是让我重新认识了自己。

　　她接着说道："你现在如愿出版了自己的书，终于实现了自己多年的梦想，我真的很为你开心。但是……"她指了指旁边那张一片狼藉的桌子，继续说道："和刚刚那个喝多了的大哥一样，我也放弃了曾经的梦想，老老实实地做回了普通人，其实……"她顿了顿，又说："我也是有过梦想的……"

　　我们又就这一话题聊了许久，回去的路上我还一直在想：真正的梦想可以随随便便地放弃吗？至少，我做不到。

　　想起几年前"大火"的一组照片——《上半身理想，下半身现实》。背景是理想，地面则是现实，而人物便处于中间的位置，徘徊在理想和现实之间。实际上这组照片早在2011年"平遥国际摄影大展"上便展出了，当时获得了很高的关注，照片原名为《现实给了梦想多少时间》，作者是范顺赞。时间再往前推移五年，也是在"平遥国际摄影大展"上展出的范顺赞的另一组作品《在他们自己的时间里》

便是这组照片的前身。

两组作品用不同的表现方式述说了理想与现实的关系。我想，这些作品之所以时隔多年还能够在社会上引起如此高的关注度，想必是因为但凡有过梦想的人都能对此产生一些共鸣吧！

现实给了梦想多少时间？

在我们还小的时候，我们的时间是充裕的，梦想是奔向神秘的未知世界。我们可以只因为喜欢星辰闪烁的夜空，便骄傲地说自己的梦想是当飞行员。那时候的梦想纯真又坚定。

然而，当梦想的神秘面纱逐渐被揭开，变得清晰可见的时候，现实留给我们的时间却越来越少。很多时候，梦想就在一门之外，而我们却因为不够坚定的内心而被禁锢在了房间内。

每个人都有做梦的权利，可并不是每个人最终都能够实现自己的梦想，这就是残酷的现实。

很久之前，我也曾经迷惘过，那时候常常会想："是不是有些梦想只适合存在于我们的脑海中，并不适合去实现？是不是总有些事情是无论怎么努力也终究没有结果的？"没有人告诉过我答案，所有的答案都是我在不断地迷失与追寻的过程中获得的。前路漫漫，雾霭茫茫，我就这样一路跌跌撞撞地前进着，从未停歇。

那位跟我谈论梦想的朋友反复在说同一句话："过了爱做梦的年纪，还能够坚持自己梦想的人都特别伟大。"

我深以为然。

梦想本身并不伟大，伟大的是为了梦想而一直默默地坚持着、努力着的人。

平时多多未雨绸缪，"好运"会接踵而来

所谓的人生应急方案，其实没有什么诀窍，它仅需要你为自己的人生多考虑一步，多努力一些。这样，在风浪突然来袭时，你会惊喜地发现，自己是如此的"幸运"。

一对情侣在我面前争执了一路，完全搅坏了我因临时调休而有的好心情。

二人争执的焦点在于：应该把攒下的钱用来开店还是用来买车。女孩希望男友把现在的工作辞掉，二人用攒下来的钱租个店铺做点儿小买卖，等他们赚了更多的钱再买车；男孩则坚持认为应该先买车，这样，他上班就可以不用再挤地

铁了。

　　双方各持己见，争论不出结果。只听女孩说："这几年你们工厂的效益越来越差，你看看有多少人辞职不干了啊！工厂倒闭那是早晚的事儿，你还不如早点儿辞职算了，咱们趁手头有点儿余钱，可以租个铺子，卖点儿东西啥的。你看看人家李姐两口子，每个月光卖早餐都可以赚不少钱。""你就只看见人家赚钱了，人家两口子每天凌晨三点半就起床忙活了，你能起得来吗？""我们不一定要卖早餐啊，卖点儿别的总行吧。""算了吧，别瞎折腾了。你要想辞职就辞，反正你那工作也赚不了多少钱。不过我可不辞，我们工厂效益确实不好，可我们也悠闲啊。""可你这样天天混日子也不是办法啊，一个月就赚那么两三千块够干什么的，咱俩还结不结婚了？""这跟结不结婚有什么关系，你看你又开始上纲上线……""什么叫我上纲上线，本来就是你不对……"

　　直到我下车，他们都没能结束这场争论。

　　天空突然下起倾盆大雨，夏天的雨总是这样，说来就来。街上，带伞的人动作娴熟地撑开雨伞，大步走进雨中；

没带伞的人只好焦急地躲在站牌底下，烦躁得直跺脚；还有那种既没有带伞，又没有及时找到地方躲雨的人，顶着大雨狼狈不堪地在雨中奔跑……雨中的这一幕就像是对刚刚那对情侣的争执做出了回应。

人生中的很多瞬间不也是如此吗？天空变阴沉的时候，每个人都看到了。可如果连续很多天只阴沉不下雨，那有些人在出门前就会抱有侥幸心理，他们会觉得不带伞也没事儿——那么多天了，不都没下雨吗？所以，最容易被淋湿的就是这类人。

在我看来，那对争执的情侣中，女孩是未雨绸缪的一方，男孩是心存侥幸的一方。当意外突然来临时，如果没有"伞"，他们如何保护自己不被"淋湿"？况且，生活中的很多意外在来临前并不会给我们太多警示。当灾难突然降临到自己头上时，如果我们没有充足的应对策略，就很难顺利地渡过难关。

某个夏天，大连竟出现了罕有的台风天气。当时看到一个朋友在微信朋友圈发布了这样一条动态："新房漏水，刚刷好的墙就这么被毁了。事先考虑到了窗缝可能会渗水，我还特地加密了窗缝，可怎么都想不到这暴雨也可能渗过楼上邻居家的窗缝来到我家……但是，幸好我准备了应急方案，事先买了房屋险，我真是太机智了，哈哈哈哈……"之所以对他的这条动态印象深刻，是因为它在一众"晒惨"的动态中显得非常突兀。

仔细想想，当我们知道灾难有可能会降临的时候，为什么有的人就可以事先做好准备，将暴风雨所造成的损失降到最低呢？只是因为他比别人多想了一步，并预先准备了应急方案。

其实，人生的方方面面都应该有应急方案。

所谓的人生应急方案，其实没有什么诀窍，它仅需要你为自己的人生多考虑一步，多努力一些。这样，在风浪突然来袭时，你会惊喜地发现，自己是如此的幸运。

过自己喜欢的生活，才是不焦虑的活法

——

我们生活中大部分的焦虑都源自无意义的攀比。
顺从自己的心意，勇敢地做自己，过自己真正
喜欢的生活，才是不焦虑的活法。

在新媒体迅速崛起的互联网时代，"贩卖焦虑"的文章
数不胜数。因为"知道得太多"，很多人陷入了深深的焦虑
和恐慌之中。

一个学妹跟我说她最近找了份自己喜欢的工作，但是工
资比较低，而同届毕业生找的工作好像都比自己的工作体
面，工资也更高。所以她感到既失落又焦虑，不知道该不该
辞掉现在的工作，去换一份更体面或更高薪的工作。

　　如果她的同窗的工资水平和她持平，这种心理落差和焦虑感会不会小一点儿呢？我想肯定会的。然而，现实情况是，指不定有多少人羡慕她找了份儿自己喜欢的工作呢！

　　当我问你："你喜欢的生活是什么样子的？"我相信每个人都有自己的答案：有人想要有钱一点，有人想要安逸一点，有人想要自由一点，有人想要快乐一点……这是一个没有标准答案的问题，却是一个容易让人沉思的问题。如果我继续追问："你是否过上了自己想要的生活？"相信肯定也会有一些人选择沉默。

　　你明明向往自由，却每天圈于格子间内，早九晚五；你明明喜欢安逸，但下个月的房租、给朋友结婚的份子钱都在催促着你更努力一点，多赚些钱；你明明希望快快乐乐地过每一天，可焦虑已经让你忘记了该怎么微笑。

　　所谓焦虑，很多时候其实并不是来自外界，而是自己在目标不太坚定、意志太过薄弱的同时，还在给自己的不足疯狂"加戏"。试想一下，别人在自己擅长的领域富有或成功，与你何干？只要你按照坚信的目标，一步一个脚印地去努力，又何愁没有实现自己人生价值的那一天？

身边的同龄人中，小鸽子是我打心底敬佩的一个。本科国际贸易专业毕业后，小鸽子才发现自己喜欢历史，于是她毅然跑去考历史系研究生。最近，她正在准备攻读博士。她和我说过最多的一句话是："和那些学金融或是学英语的人相比，我可能要过清贫的生活了……但我真的喜欢历史。"

"清贫没关系，只要我喜欢。"这正是我佩服她的原因。她很明确地知道自己想要什么，在她的价值体系里，别人的财富与成功都是浮云，自己想要的才是最好的。

如果想要自由，就为了拥抱自由而努力，承受自由带来的孤独，积攒获得自由的实力；如果想要安逸，就享受生活，少去和别人对比；如果想要快乐，就放声大笑，乐观地面对烦恼……

任何想要的生活都有相对应的烦恼，但正是因为喜欢，所以在应对这些烦恼的时候才更加主动。

说到这儿，不得不提到《最强大脑》节目中的"脑王"杨易。杨易毕业于清华大学，生命科学专业本硕连读的他，目前的职业是小学教师。一些人觉得这是大材小用，他自己却不这么认为。他觉得自己真正数学思维的培养，是在小学阶段。如果自己选择当一名小学老师，可能会对更多孩子的成长产生更大的帮助。

　　每个人的价值体系都不尽相同，又何必将生活横向比较？你之所以倍感焦虑，只是因为不知道自己是谁，自己从哪里来又将到哪里去，自己真正想要什么。如是说来，像是一个哲学问题。可生活本身就是不断与自己对话并且给出答案的过程啊！这个问题如果想明白了，也许未来就不再是个谜，你也不必这样焦虑。

　　我们生活中大部分的焦虑都源自无意义的攀比。顺从自己的心意，勇敢地做自己，过自己真正喜欢的生活，才是不焦虑的活法。

认真道别，是为曾经的相遇画上圆满的句点

———

我们常常做出许诺，许诺和某人做一辈子的朋友，一辈子对一个人好，一辈子不变心，与某人一辈子在一起……"永远""一辈子"这类词成了诺言的"最高级"。可其实我们心里都清楚得很，"永远"是相对的，分别才是注定的。

从五月开始，楼下的烧烤摊便逐渐火爆起来。肆意张扬的欢笑声总在星星闪耀的夜晚响起，那是即将毕业的大四学生在纪念青春。烧烤摊上的热闹情景会从五月初持续到六月下旬，所有的疯狂、不舍与期待，都指向一个早已注定的结局。

那是一场注定的分离。

回想自己的青春，我们好像都是匆匆做完一个简陋的告别仪式，然后兴奋而忐忑地步入属于自己的滚滚红尘。当时的我们总是想：日子还那么长，见面的机会还有很多。可是，慢慢地，你会发现，往往没那么多机会再见面，我们经常走着走着就走散了。

我们一个寻常的转身，留给对方的可能就是余生最后一个背影。当初分别时的眼泪是真的，相约再见的誓言也是真的，只是，世界那么大，相见又太难。那么，道别的时候何不用力一点儿？

2012年，北京大学的校庆宣传片名为《男生日记》。片子很短，只有10分钟左右，却巧妙地讲述了一个完整的爱情故事。

那是"理工男"何小冬与"艺术女"江小夏的爱情故事。

男孩何小冬曾经不理解，为什么世界上会有人因为一只流浪猫的死去而哭得梨花带雨，最后还为它建了一座小坟冢；他也不理解，为什么有人会把好好的自行车涂满花纹，还为它起个名字；他更不能理解，为什么有人会因为看一幅画太过专注而忘记约会的时间。让何小冬一直无法理解的人不是别人，正是他的女朋友江小夏。他觉得自己永远没办法理解她的所作所为，不得已提出了分手。

临近毕业，何小冬决定拿起相机和三脚架去拍摄15张照片。他和每天晚上10点准时关灯的宿管阿姨合影，和学校的保安合影，和掉进去过三次的未名湖合影，和流浪猫的坟冢合影，和那个叫"星空"的自行车合影……在拍摄这一系列充满仪式感的道别照片的过程中，曾经和江小夏在一起的点点滴滴又涌上了心头，他好像突然之间读懂了她：因为她太过善良，所以会因为野猫的死去而落泪；因为她痴迷艺术，所以会在名画前久久驻足……影片的最后，何小冬把那些照片偷偷塞进了江小夏的背包里，上面写着："这是你的生活，是我给你的最后一件礼物！"

分别是我们成长过程中的必修课，我们总要面对，也应该交出一份令人满意的答卷。因此，道别的仪式感就显得格外重要。

一个再平常不过的秋日午后，我失去了一位很好的朋友。我不知道现在的人都喜欢怎样定义"朋友"这个词。互联网扩大了我们的社交圈，一个小小的社交软件就可以容纳来自天南海北的人，可每个人都能称为"朋友"吗？好像不是。

随着年龄的增长，我多了很多玩伴。我们约着一起吃饭，一起逛街，一起看电影，一起聊八卦，却从来不分享彼此内心真实的想法。也有那么一些人，我们从未见过面，却用真心照亮过彼此的生活。他就是这样一个存在，但我们还是需要告别了。我们不是现实生活中的朋友，所以总会存在一些无法再联系下去的理由。那天，我用自己心爱的粉色信笺手写了一封长长的书信，寄给了远方的他，然后删除联系方式，结束了这段长达多年的友情。

微博上曾有一个视频被网友亲切地称为"最美生前告别"。一位癌症患者决定在自己屈指可数的余生里为自己办一场隆重的告别仪式。仪式上，她的亲戚朋友们哭成一片，她却笑着安慰大家："大家都别这么伤感，我回顾我的一生，自认为我的一生很精彩。我的生命可能不是很长，但足够精彩，这一生我没有一丁点儿遗憾，特别是经过了今天以后……"

我们都曾幻想过永远，无论是亲情、友情，还是爱情。我们常常做出许诺，许诺和某人做一辈子的朋友，一辈子对一个人好，一辈子不变心，与某人一辈子在一起……"永远""一辈子"这类词成了诺言的"最高级"。可其实我们心里都清楚得很，"永远"是相对的，分别才是注定的。正如《红豆》中的那句："有时候，有时候，我会相信一切有尽头，相聚离开都有时候，没有什么会永垂不朽……"

失恋也好，亲人离去也好，或者只是和好友的两地相隔，生活中总会有各种各样的离别发生。朋友，为人生的每一场离别留下一笔笔浓墨重彩的痕迹吧，为曾经的每一场相遇画上一个个圆满的句号吧，多年后再回忆时才不会怅然若失。

坚持一些美好的仪式，日子会别样幸福

———

我们需要找寻一种能够让自己感到幸福的方式
去生活，在外人看来它可能微小得不值一提，
可我们自己的生活却会因这份特殊的心情而变
得与众不同，我们身边的人也会因这些有仪式
感的瞬间而更加幸福。

我曾听过这样一句话："仪式感就是使某一天与其他日
子不同，使某一时刻与其他时刻不同。"

某天傍晚，我在一家面食店吃面。那家店的老板娘正和
隔壁烧烤店的老板娘站在门口聊天。面食店老板娘手里的手
机突然响了一声，她看了一眼手机，回头对着屋里自家男人

问道:"啥事啊,离这么近还给我发微信?"那位大叔低头看着手机屏幕,摆手说道:"你看看微信。"

阿姨自言自语了一句:"还摆谱儿。"她低头查看手机,旁边的烧烤店的老板娘也一脸好奇地凑过去:"你们都是老夫老妻了,还搞'微信传情',可真够有意思的。"阿姨没反驳,看着微信突然笑了出来,转头对屋里的大叔问道:"你啥意思啊?"这时,烧烤店的老板娘更加好奇了,连连催问:"发了啥?发了啥?"阿姨竟然害羞地捂嘴笑了,主动递上手机:"喏,给我发了52块1角的红包。"烧烤店的老板娘一脸羡慕,探身冲屋里的大叔调侃道:"老李哥,看不出来,你还挺浪漫啊!"大叔听了这话略显尴尬地挠了挠头:"我看网上不少人说,现在流行这个。"

我常在这家店里吃面,味道很好,老板和老板娘朴实而温情的相处模式也很令我动容。记得有一次,老板接了一通电话后匆匆走出店铺,过了一会儿又回来了,他气喘吁吁地走到老板娘面前,擦着汗说道:"我微信'钱包'里的钱不够给人家付货款了。"老板娘微微一笑,从腰间的钱包里掏了两张100块的人民币给了他，然后轻轻拍了拍老板的后背。

　　这轻轻一拍的小动作除了我几乎没有人注意到，老板娘的举动也很自然，可我却从这个动作中看到了老板娘对老板的关心。那轻轻一拍的小动作，使我涌起了"要是我也有个家就好了"的念头。

　　我们常说，美好的爱情就是"一生、两人、三餐、四季"，可两个人度过了耳鬓厮磨的热恋期后，如何才能在繁杂的生活中继续相爱相守呢？在我看来，"爱情荷尔蒙"总有退却的一天，它并不足以支撑两个人相爱地走过一生；真正能支撑两个人相爱到老的，都是那些看似多此一举的小浪漫，即所谓的仪式感。也许只是情人节的一支玫瑰花，也许只是伴侣做饭时的一句"辛苦啦"，也许只是临出门时的一个暖心拥抱……

　　曾有个广告特别火。

　　广告以第一人称口述的形式讲述了男主人公和爱人之间的婚姻危机："我们从恋爱到新婚，像所有情侣一样，非常幸福，我们以为我们会一直这样幸福下去。"紧接着，视角切换成他的妻子，继续讲述："但是，不知道从什么时候开始，我们变成了现在的样子。我们习惯了彼此的存在，我们不想再去表达对彼此的爱。"

结婚纪念日这天，男主人公在慎重考虑后，提出了离婚，他说："我们都不幸福，不是吗？"妻子想了一个晚上，同意了离婚，但她希望接下来的一个月丈夫能按自己的要求做一些事。男主人公虽然有些无法理解妻子提出的这个离婚条件，但还是同意了。他想，反正30天后，一切都会结束的。

于是，在接下来的30天里，这个即将破碎的小家庭里不断出现如下情景。在男主人公提着公文包准备出门时，妻子喊住他："你就这样走了？抱我一下再走吧！"一起吃饭时，她抬起手："牵我的手可以吗？"临睡觉时，她在他耳边轻问："可以说爱我吗？"清晨起床时，她笑着讨吻："可以亲我一下吗？"

牵手、拥抱、亲吻，这些热恋、新婚时常做的事，在他们决定离婚后的一个月里重新被寻了回来，两人在看似早已一潭死水、毫无爱情可言的婚姻里因为这些"小动作"而重燃激情。男主人公慢慢发觉，其实他和妻子都还爱着对方，只是因为日复一日的平淡生活而忽视了爱情的存在。广告的最后，男主人公在与同事聊天时突然忆起，妻子在最后这一个月里要求自己所做的事，其实全部都是自己当初求婚时所做的承诺："我向你保证，每天都牵你的手，每天都拥抱你，每天都亲吻你，每天都对你说'我爱你'，你愿意嫁给我吗？"

伴侣间需要一次次爱的互动，它就像生活的调味剂，可以为平淡的日子增添一抹醉人的滋味，让每一个平淡乏味的日子都变成冒着粉色泡泡的情人节。而对于每一个人来说，仪式感也可以使平淡的生活变得值得铭记。

我的18岁成人礼，没有鲜花，没有掌声。那是在同学们看来再普通不过的一个冬日——作业一样的多，水房洗脸的水一样的凉，唯一不同的是我那颗火热躁动的心。为了庆祝我在这一天正式成年，我用尽毕生口才向班主任请假，跟她申明我要去献血。班主任看我那么真诚，批准了我的请求。

那天，我满心欢喜地登上开往市区的公交车，一路颠簸地来到了献血屋的门前。直到今天我都能回想起那天站在献血屋门前的心情，那是一种很奇特的感觉，我觉得自己那即将开启的18岁后的人生会因为跨入面前的小房子而变得伟大起来。那一刻，我觉得自己很神圣。可实际上我的体重过轻——工作人员看了眼电子秤的屏幕上的数字，便继续处理手边的工作："你回去吧，体重不合格。"直到那时我才知道，献血竟然还有体重限制。

两年后，当我的体重终于超过90斤的时候，我重新回到了那个标有红色十字架的小屋里。看着暗红的血液从我的身体里被缓缓抽出，联想到这个世界上的另一个人可能会因为我的血而重获健康，我傻笑了起来。那一刻我回想起了18岁生日那天走进献血屋的心情。也是直到那时我才明白，我18岁成年的那一天很值得纪念，虽然带有一丝遗憾，但因为"坐了40分钟左右的公交车跑去输血"这一充满仪式感的举动而变得意义非凡。

选择生活还是选择生存？我相信更多人愿意选择前者。那么如何更好地过完余生呢？我想，我们不仅需要长久地保有对生活的热忱，更需要进行一些美好的有仪式感的活动。它可以是在普通的日子里画个精致的妆容，只为自己欣赏；可以是在特殊的日子里，为家人、爱人精心准备一份小礼物；可以是和父母散步的时候，突然牵起他们的手，就像小时候一样……总之，我们需要找寻一种能够让自己感到幸福的方式去生活，在外人看来它可能微小得不值一提，可我们自己的生活却会因这份特殊的心情而变得与众不同，我们身边的人也会因这些有仪式感的瞬间而更加幸福。